# 性格的力量

张 航◎编著

聪明地了解别人，智慧地认识自己。
因为只有认识每个人的不同性格，
学会管理自己的性格，
才能由此释放你与生俱有的性格的力量。

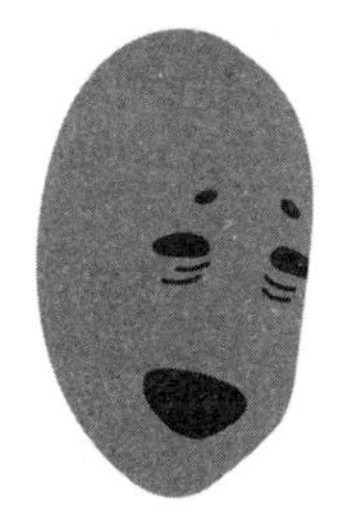

吉林出版集团股份有限公司

图书在版编目（CIP）数据

性格的力量 / 张航编著. — 长春：吉林出版集团股份有限公司, 2018.6

ISBN 978-7-5581-5068-5

Ⅰ. ①性… Ⅱ. ①张… Ⅲ. ①性格—通俗读物 Ⅳ. ①B848.6-49

中国版本图书馆CIP数据核字(2018)第099316号

性格的力量

| | |
|---|---|
| 编　　著 | 张　航 |
| 总 策 划 | 马泳水 |
| 责任编辑 | 王　平　史俊南 |
| 封面设计 | 中易汇海 |
| 开　　本 | 880mm × 1230mm　1/32 |
| 印　　张 | 9.5 |
| 版　　次 | 2019年3月第1版 |
| 印　　次 | 2019年3月第1次印刷 |
| 出　　版 | 吉林出版集团股份有限公司 |
| 电　　话 | （总编办）010-63109269 |
| | （发行部）010-67482953 |
| 印　　刷 | 三河市元兴印务有限公司 |

ISBN 978-7-5581-5068-5　　定　价：42.00元

# 前言 FOREWORD

今天，没有任何时候如同知识经济时代这样，让人们能更加深刻地体会到知识所带来的价值。正如未来学家托夫勒在《力量的转移》中所阐述的那样——知识，必将替代暴力、金钱，成为所有力量中最强有力的力量。人与人之间力量的差异是否与性格有着紧密的关联呢？

尊严来自于实力——我第一次领悟到性格的力量。

新经济时代的今天，人们已渐渐发现这样的事实：努力工作只是成功的前提，聪明工作才是成功的关键——选择比努力更重要。选择要面临比较；选择要面临权衡；选择要面临决定；选择要面临取舍——选择本身就是一种智慧的努力。

你有和睦的家庭生活吗？你有良好的人际关系吗？你能胜任现在的工作吗？你有令你自豪的事业吗？你快乐吗？你了解自己和他人吗？你懂得选择吗？你是否明白，具备对自己和他人的辩别抉择的能力有多么重要？——了解性格，学习性格的知识。聪明地了解别人，智慧地认识自己，是你最重要的选择。因为，你

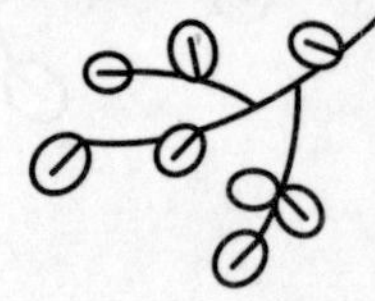

# 前言 FOREWORD

将由此释放你与生俱来的性格的力量。

“江山易改，本性难移”？我们无一例外都存在着性格的弱点，我们似乎为“真实地活着”找到了体面的借口，我们仿佛也为不快乐找到了合理的解释。然而，无论你愿不愿意，我们都无法回避这样的事实：人们要么在上升，要么在下降——这也正是我对生存状态的理解。

人的一生只有三天：昨天、今天、明天。你今天的一切是由你的昨天决定的；你的明天将取决于你今天的选择。我秉持追求个人成长这一宗旨，也希望更多的人能通过了解性格从而提升生命价值。本书就是在这样的情况下得以编著的。

本书从认识性格、了解性格、性格测试、性格特征、性格与社交、性格与谈判、性格与职业、各类性格人的特点及做事风格等诸多方面，帮你揭开性格神秘的面纱，教你洞悉人性的弱点，取其优而匡其劣，完善自我，成就人生。

英国著名文豪狄更斯曾说过：“一种健全的性格，比一百种智慧都更有力量。”这句名言告诉我们一个道理：有什么样的性格，就会有什么样的人生。积极的性格能帮助我们获取健康、幸福和财富。在当今竞争空前激烈的时代，一个人想要生存立足，求得发展，性格的完整与健全至关重要——超越卓越的你，是你性格的力量！

# CONTENT 目录

## 第一章　性格概述



## 第二章　性格的气质、魅力与测试



## 第三章　性格特征

## 第四章　性格策略



## 第五章　性格原则



## 第六章　成功策略

## 第七章　成功秘诀



## 第八章　成功素质的钻石——智商



## 第九章　决胜的关键

## 第十章　性格与人际关系



## 第十一章　性格与交际方法



## 第十二章　性格与谈判

## 第十三章　各类性格人的特点及做事风格

# 第一章

## 性格概述

## 性格源起——人生假面

英文性格 Personality 一词的语源，一般都认为它来自希腊文的 Persiba。这个词的意思是指希腊人在演戏时戴上的面具，后指演员在戏剧中所扮演的角色，并指扮演该角色的人，有时也指具有特征的人。

目前，关于性格的定义有几十种，一般来说都包括了个人行为的特征，以及因适应环境而产生的惯性行为倾向。也就是说，“性格”是人类行为的特征，是经常性的行为表现，而不是那些偶尔发生的行为。人的心理活动丰富多彩、极其复杂，它主要包括心理过程和性格两个方面。性格一词最早出现时，含有四种不同的意义：

（1）一个人在生活舞台上呈献给他人的公开形象。

（2）别人由此知道这个人在社会生活中所扮演的角色。

（3）适合于这个生活角色的各种个人品质的总和。

（4）角色身份的特定性和异他性。

可见，人的性格既包括呈现在他人面前的外部的自我，也包括由于种种原因不能显示出来的内部的自我。

## 性格特征——千人千面

所谓人心不同，各如其面，是指每个人都具有不同于他人的独特的精神面貌和行为倾向。正像世上没有绝对相同的两片树叶一样，世上也没有性格完全相同的两个人。即使是孪生兄弟，遗传物质完全一样，性格也不会完全相同。曾经报道过有一个连体双头畸形儿，躯体、内脏与四肢是共有的，然而却具有不同的性格特征：一个不爱说话、喜欢安静；另外一个则爱说、爱笑、爱发脾气。

性格差异是普遍存在的。现代心理学中把人的性格差异概括为能力、气质和个性三个方面。每一个人不同的能力、气质、个性的独特结合，就构成了一个人不同于他人的心理面貌和品格，即性格。例如，有些人能歌善舞、多才多艺，也有些人聪明伶俐、足智多谋，这是人的性格在能力方面的表现。而有些人寡言少语、稳健持重，有些人则开朗、健谈、直爽、热情，这是性格差异在气质方面的表现。有些人在待人接物中，表现得谦虚、礼貌、不卑不亢，而另外一些人则显得轻浮、猥琐，或者虚伪、狡猾，这是性格差异在个性方面的表现。

事实上，我们自出生以来就有自己的优点和缺点，只有我们意识到自己是独一无二的，才能理解为什么大家在修读同一课程，在同样的时间里，由同一位老师讲课，却往往会获得不同的成绩。尽管性格的差异是普遍存在的，但是不能否认人们的性格也存在着共同性。性格是在人类社会化过程中形成的，因此他总要受到一定社会环境的影响。人是生活在群体之中的，相同的环境条件与实践活动会使人们的性格具有群体的共性特点。例如，蒙古族的人具有粗犷、豪放、热情、好客的特点，这就是蒙古族同胞的共性。共性是相对存在的，而性格的差异是绝对的。具体地说，性格的特征大致包含了整体性、稳定性、独特性和社会性。

**1. 整体性**

性格是一个统一的整体结构，是人的整个心理面貌。每个人的性格倾向性和性格心理特征并不是各自孤立的，它们相互联系、相互制约，构成一个统一的整体。

**2. 稳定性**

性格是指一个人比较稳定的心理倾向和心理特征的总和，它表现为对人对事所采取的一定的态度和行为方式。一种性格特征在其身上一旦形成，就比较稳固，不论在何时、何地，于何种情境下，人总是以自己惯用的态度和行为方式行事。“江山易改，本性难移”形象地说明了性格的稳定性。

**3. 独特性**

每个人的性格都是由独特的性格倾向性和性格心理特征组成的，即使是同卵双生子，他们在遗传方面可能是完全相同的，但性格品质也会有所差异。因为每个人在后天的实际环境中，社会生活也条件不可能绝对相同；而且即使是生活在同一家庭中的兄弟姐妹，宏观环境相同，个人的微观环境也是有差异的。因此，每个人的性格都反映了自身独特的、与他人有所区别的心理状态。

**4. 社会性**

人不仅具有自然属性，同时也具有社会属性。一个人如果离开了人类，离开了社会，正常心理发育将无法完成，更谈不上性格的发展。生物因素只给人的性格发展提供了可能性，而社会因素则使这种可能性转化为现实。性格作为一个整体，是由社会生活条件所决定的。

## 性格发展——“人生八阶说”

我们的性格取决于父母育儿的态度。以弗洛伊德（Sigmund Freud，1856—1939）为首的精神分析学派认为，在幼儿时期由母亲所给予孩子的教育或其他经验，对孩子性格的发展有很大的影响。

弗洛伊德分析了神经症患者的临床病例，观察了那些患者所显示的症状与其回忆中出现的幼儿期体验之因果关系，他认为亲子间心理上的事件会形成他们长大成人后的性格形态。

在其他学者认为性格是由遗传决定时，弗洛伊德已经指出，如果母亲注意了喂奶的方式、断奶的态度以及关于大小便排泄的教养方法，孩子在成长后的性格，就会因母亲的教导方法的差异而各有不同。

首先关于喂奶，精神分析学派认为，用母乳喂养的小孩，其抵抗力较强，而出现食欲不振、在学校内的不适应感、神经质、吝啬、孤僻、暴躁、喜攻击和撒娇的情况显然比喂奶粉的小孩少。用母乳喂养的儿童，由于对母亲产生信赖和爱，会形成对人的信任，情绪稳定、亲切，善于交际、合作和有独立能力，并且会关心和体贴别人。

如果得不到母亲的关注，只是定时由佣人喂养而成长的儿童，性格会变得孤僻，他们较为好哭、爱撒娇、自私和对别人猜疑，亦称为“口腔期不足”。根据近代心理学分析及人生发展学说的著名学者艾力逊（Erik Erikson，1902）提出的“人生八阶说”，

他将人生的发展分为八个阶段，每一阶段各具明显的特征，并且认为每一阶段都潜伏着一种“危机”。

所谓“危机”，艾力逊是指人在发展过程中，有时在某一方面是特别容易受到伤害的，但是如果能安然渡过这些“危机”，则个体便有更进一步的发展，并且他们的潜能也因而增强。

艾力逊在其发展理论中，常使用“依序成长原理”（Epigenetic Principie）一词。所谓“依序成长”，就是指万物的生长总有一定的基本模式。由本体而产生枝叶，每一部分各自有据而生，而每一部分又最后合成一个协调运用的整体。各阶段的发展有前后的关联，前一阶段就是后一阶段的基础。因此，克服一个时期中的“危机”后，便有更大的能力来克服下一个“危机”；反之，如前一个“危机”未能彻底克服，则后至的“危机”便难以应付，于是便成了成长中的绊脚石。

以下是艾力逊的“人生八阶段”概要：

（1）信任与怀疑：是出生至1岁的婴儿阶段，我们称为“口腔期”。

（2）自主与羞怯：是1岁至3岁的幼儿阶段，我们称为“肛门期”。

（3）进取与罪咎：是4岁至5岁的儿童阶段，我们称为“性器期”。

（4）勤奋与自卑：是6岁至11岁的儿童阶段，我们称为“潜伏期”。

（5）自认与迷乱：是12岁至20岁的青少年阶段，我们称为“青春期”。

（6）亲密与孤独：是21岁至29岁的早期成年阶段，我们称为“青年期”。

（7）创建与停滞：是30岁至59岁的成年阶段，我们称为“成年期”。

（8）圆满与失望：是60岁至人生最后历程，我们称为“老年期”。

关于这八阶段的详细解说，可参考郑肇桢著《心理学》一书（商务印书馆，1984年出版）。

所谓“种瓜得瓜，种豆得豆”，小孩最初接触的大人是母亲，他们在幼儿期2岁至3岁时接触最多的是母亲。心理学家都相信，人类性格的形成，总体来看遗传占40%，而幼儿时期的成长环境占60%，因此母亲对孩子成长的影响亦是最大。

父母往往都有一个希望孩子变成“这样”，不希望孩子变成“那样”的“理想”与“憧憬”。为了使孩子接近此“理想”而鼓励或责备孩子，父母用心地把孩子培养成一定的行为倾向。孩子则以父母为模仿对象，学会了许多事，更形成了他们的信念、价值观、规则和性格。从模仿父母开始到性格的形成，在不同环境中长大的孩子有着不同的表现。

在批评中长大的孩子，学会了责难。

在敌意中长大的孩子，学会了争斗。

在虐待中长大的孩子，学会了伤害别人。

在支配中长大的孩子，学会了依赖。

在干涉中长大的孩子，被动和胆怯。

在娇宠中长大的孩子，学会了任性。

在否定中长大的孩子，学会了反对社会。

在忽视中长大的孩子，情绪孤僻。

在专制中长大的孩子，喜欢反抗。

在淫乱中长大的孩子，学会了心理变态。

在民主中长大的孩子，领导力强。

在鼓励中长大的孩子，学会了自信。

在公平中长大的孩子，抱有正义感。

在宽容中长大的孩子，学会了耐心。

在赞赏中长大的孩子，学会了喜欢自己。

在爱中长大的孩子，学会了爱人如己。

## 中国古代的性格分类

从遥远的古代起，人们就对性格进行了研究，并根据性格的不同特征进行了各种各样的分类。我国古书《灵枢》中，对人的心理和生理上的性格差异进行了详细论述，将人的性格分为五大类，即金、木、水、火、土。

金型人面呈方形，皮肤白色，肩、腹、足都小，脚跟坚实厚大，骨轻。禀性廉洁，性情急躁，行动刚猛，办事严肃认真、果断利索、坚定不移。

木型人肤色苍白、头小面长，肩阔背直、身体弱小，忧虑、勤劳，好用心机、体力不强、多动刚猛、多忧多劳。

水型人皮肤较黑，面部不光洁，头大、清瘦，肩膀狭小、好动，走路时身子摇晃。禀性无所畏惧、不够廉洁、善于欺诈、为人不惧不卑。

火型人皮肤发红，背部肌肉宽厚，脸形尖瘦，头小、手足小，步履稳重，走路时肩背摇晃，背部肌肉丰满。性格多虑，缺少信心，态度诚朴。性急、有气魄，轻财物，但少信用。

土型人皮肤黄色，头大面圆，肩背丰厚，腹大、腿部壮实，手足不大，肌肉丰满，身体匀称。内心安定，助人为乐，对人忠厚。行事稳重、取信于人、静而不躁、善与人相处。

根据这个理论，不同性格的人，寿命的长短也是不同的。一般认为火型人不寿暴死，土型人寿长病少，这一点已被现代医学所证实。

我国另一部伟大的医书《内经》还按阴阳强弱把人分为以下五类：太阴、少阴、太阳、少阳、阴阳平和。

用阴阳五行说对人进行分类，虽然缺少科学依据，但还是给人们提供了区分不同类型的人的参考工具，在当时是有一定作用的。这种分类方法表明，人的体质是由内部阴阳矛盾的倾向性决定的。这和近代生理学研究的兴奋和抑制关系有相同之处。

## 古希腊希波革拉第的分类

被称为古希腊医学之父的希波革拉第曾指出：人的身体内部有血液和黏液以及黄色和黑色的胆汁，这是人体中的自然物质，通过这些而产生病痛或得到健康。人体健康的时候也就是这些体液相互混合的比例最恰当、性能发挥得最充分的时候。进而他又说依体液的混合程度，可以决定人的气质。按照希波革拉第的分类方法，人的性格可分为多血质、黄胆汁质、黑胆汁质和黏液质四种类型。

它们的特征分别为：

（1）多血质气质的人爽朗。

（2）黄胆汁质气质的人性急。

（3）黑胆汁质气质的人阴郁。

（4）黏液质气质的人感觉迟钝。

这四种类型的性格至今仍被很多人所相信。后来，巴甫洛夫又对这一学说进行了补充和修正，把人的性格气质分为四种，即多血质、胆汁质、黏液质和抑郁质。

它们的特征分别为：

多血质气质的人的特征是活泼、好动、敏感、反应迅速、喜欢交往、注意力容易转移、兴趣和情感易交换。

胆汁质气质的人的特征是直率、热情、精力旺盛、情绪易于冲动、心境交换剧烈等。

黏液质气质的人的特征是安静、稳重、反应缓慢、沉默少言、善于忍耐、注意力稳定难以转移。

抑郁质气质的人的特征是孤僻、行动迟缓、情绪体验深刻、善于察觉到他人不易察觉的细节。

## 现代性格分类学说

德国精神病学家与心理学家库列奇曼提出性格的体型说，指出人的不同体型，是导致人具有不同性格的最主要原因。这种学说认为：

（1）瘦长型的人多为分裂性格的人。

（2）矮胖型的人多为躁郁性格的人。

（3）强壮型的人属于黏着型性格的人。

（4）宁静、冷漠、孤僻、神经质、不喜欢与人交往的人，多为瘦长型的人。

（5）活泼、开朗、乐观、亲切、温柔、直率、爱社交的人，多为矮胖型的人。

（6）认真、仔细、固执、有韧性、思考和理解比较迟钝、情绪稳定且具有暴发性的人，则多为强壮型的人。

这种性格的体型说，很易被许多精神病医生与心理学者接受。这说明有它的合理性。

美国心理学家谢尔顿，在库列奇曼上述研究成果的基础上，对人的体型与性格的关系作了更为深入的研究，提出了“体型性格说”，认为人的性格类型，可分为三种，即内脏紧张型、身体紧张型和头脑紧张型。

这些类型的特征分别为：

内脏紧张型的人，行为随和、好交际、贪图舒服、好美食、好睡觉、会找轻松的事做。

身体紧张型的人，精力充沛、大胆直率、冲动好斗、武断、过于自信。

头脑紧张型的人，内心丰富、善于自制、思考周密、倾向于智力活动、不爱交际、敏感、反应迅速、睡眠差、容易疲劳、爱好艺术。

美国医学家弗里德曼把人分为两种类型：A 型和 B 型。A 型人急躁、没耐性、易激动、行动快、整天忙碌，相当于火型人；

B 型人悠闲自得、不好争强，相当于土型人。弗里德曼发现 A 型人的冠心病的病发率明显高于 B 型人，而且容易复发，其死亡率也大大高于 B 型人。

现代关于性格与人本身的生理因素关系的学说，以上仅举了数种，其实还有很多。然而，关于性格与成功，即“性格决定命运”的学说仍停留在探索阶段。

# 第二章

## 性格的气质、魅力与测试

# 性格与气质

“气质”是指个人在情绪反应上的特征，对于外在刺激所产生的感受，反应的习惯和强弱程度。一个人的固有心态和情绪表现等，都可称之为“气质”。

“性格”与“气质”的关系有许多争论，但一般学者都相信“性格”是属于意志方面的特征，而“气质”则属于感情方面的特征，是内心情绪向外流露的表现状况。

心理学上将气质定义为表现在心理活动的强度、速度的灵活性方面典型稳定的心理特征。人们不禁要问：气质是与生俱来的吗？

一个人能改变自己的气质吗？

古代人的气质与现代人的气质是否一样？

一个地方的人的气质与另一个地方的人的气质有可能一样吗？

许多人都有这样的疑问。由于气质问题正随着历史的脚步而越来越引起人们的重视，人们对气质的问题也就特别关注。他们关心气质，因为他们知道气质对于生活、对于生命的重要性。

那么，气质是不是与生俱来的呢？

先看美国心理学家托马斯的一段话：“在许多儿童中，这些气质的原始特征往往在随后的二十多年发展阶段中保持。”

他是发现了儿童天生的气质差异以后说这番话的。也就是说，出生不久的儿童，他们就已经具有与别人不一样的气质了，这种气质又将长期保持。即这种气质特征和气质类型是相当稳定的。

而这种天生的差异与稳定性是与作为气质的生理基础的高级神经活动类型的先天性与稳定性相联系的。

也就是说，由于气质的形成有一个生理上的基础，因而气质的形成，与他们出生时的状况是有着紧密联系的。

婴儿刚刚出生，为什么就产生了区别呢？比如说，一个婴儿与另一个婴儿，他们哭闹的方式，为什么是不同的？又为什么有的婴儿非常吵闹而有的则比较安静？

这个时候，作为婴儿，他们还没有受到外界的影响，所以，他们所具有的这些气质的差异可以说明，气质是有着先天性的因素的，是与生俱来的。它是由人的神经系统的先天性造成的。

俄国生物学家巴甫洛夫曾长期致力于这方面的研究。他通过对高等动物的实验发现了高级神经活动的一些特征。

他对自己得出的研究结果总结如下：

大脑皮层神经细胞工作能力和耐力的标志是它的兴奋与抑制过程的强度。在一定的限度内，高等动物的条件反射和条件刺激物之间保持着强度规律，大脑皮层中发生的兴奋是与刺激物的强度相适应的。兴奋过程强的动物能够忍受强烈而持久的刺激，并形成条件反射；兴奋过程弱的动物，在刺激过强或过于持久时，难以形成条件反射，已形成的反射也会遭到抑制或破坏。

## 性格魅力

也许你曾遇到过这样一些人，他们以自己满腔的热情深深打动了你。而你呢，无论在理智上还是在情感上，都被他们所吸引，



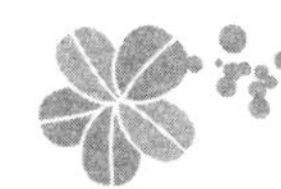

这种吸引是那样的心甘情愿，以至于你会在不知不觉中去为实现他们的目标而效力。

但不知你有没有这样问过自己：他们的威信是怎样来的？究竟是什么因素构成了这些威信？又是什么使得这些先生和女士变得那样有吸引力？

难道仅仅是滔滔不绝的言辞的结果吗？要不就是他们在待人接物方面有着天生的圆通？再或者是他们在设计引人注目的形象方面有着秘诀，是这些秘诀使得我们围着他们团团转吗？

确实，这些都是原因，但又不仅仅是这些，更科学的说法是，他们具有独特的“性格魅力”。所谓魅力就是这么一种能力，它是由你的性格所决定的，通过与他人在身体、情感及理智的相互接触，从而对他人产生积极的影响。性格魅力包括七大要素：

**1. 你的静默语**

这是你在不知不觉中向周围人发出的信号。你的眼神，你说话时看鞋的动作，你耸动肩膀的样子，或者是一个不自然的笑容、一次不热情的握手，再或者是穿衣不甚得体。所有这些都会形成你的“静默语”——即你的“形象”。

**2. 你的表达能力**

你的想法也许会很巧妙，但如果你不把它说出来，又有谁会知道呢？

**3. 你的聆听技巧**

对于那些受教育较少，或者疏于训练的人来说，多听也是一把交流的钥匙，它同样会使人觉得耳目一新。

**4. 你的说服技能**

这是一项鼓励人们接受你的领导或采纳你的意见的技巧。一个观点，无论它有多么伟大，倘若不被采纳，都将无济于事。

**5. 运用时空的能力**

同样，这一点也常常被人忽视。事实上，时空的运用，既能促进人际关系，也能打破人际关系。

**6. 适应他人的能力**

不了解他人的风格，而想与之建立联系，这是不可能的。所以，要努力提高自己行为的适应性，以便建立起良好的人际关系。

**7. 你的见识**

不论你是一个多么强有力的雄辩者，不论你在建立人际关系上有多大的能耐，也不论你在形象、聆听和利用天时、地利方面做得怎么好，你总要有东西可说才好，否则你就是一个空架子。

可见，并不是某个单一因素构成了个人性格魅力。事实上，一个领导之所以有魅力，正是由于他有着这么一些联成一体的技巧和方法。

不过，还有一个好消息——性格魅力并不建立在智商和遗传的基础之上，也不建立在财产、幸运和社会地位的基础之上。相反，它可以通过个人努力而加以掌握。

以下 26 条错误是我们经常会犯的，如果你认为这些都是一些小缺点的话，那就错了。因为这些缺点的混合速度是非常快的！你愿意和平常就显示出其中三种缺点的人交往吗？这些缺点会使人对你的智慧和能力产生怀疑，任何想要培养个人魅力的人，都应远离这些缺点。

（1）不注意自己说话的语气，经常以不悦而且对立的语气说话。

（2）应该保持沉默的时候偏偏爱说话。

（3）打断别人的话。

（4）滥用人称代词，以至在每个句子中都有“我”这个字。

（5）以傲慢的态度提出问题，给人一种只有他最重要的印象。

（6）在谈话中插入一些和自己有亲密关系，但却会使别人感到不好意思的话题。

（7）不请自来。

（8）自吹自擂。

（9）嘲笑社会上的穿着规范。

（10）在不适当的时刻打电话。

（11）在电话中谈一些别人不想听的无聊话题。

（12）对不熟悉的人写一封内容过分亲密的信。

（13）不管自己是否了解，而任意对任何事情发表意见。

（14）公然质问他人意见的可靠性。

（15）以傲慢的态度拒绝他人的要求。

（16）在别人的朋友面前说一些瞧不起他的话。

（17）指责和自己意见不同的人。

（18）评论别人没有能力。

（19）当着他人的面，指责下属和同事的错误。

（20）请求别人帮忙被拒绝后心生抱怨。

（21）利用友谊请求帮助。

（22）措词不敬或具有攻击性。

（23）当场表示不喜欢。

（24）老是想着不幸或痛苦的事情。

（25）对政治或宗教发出抱怨。

（26）表现过于亲密的行为。

# 性格测试

性格分析的引子是一份特别设计的问卷，它能辨识您的性格特征和行为风格，为您开启一扇通向自我的大门，让您更了解自己和别人的性格与长处，使您的性格长处在人际关系中更具功效并减少阻力。下面便是40道测试题，请您在每一题选定的字母后作下记号，并在全部测试题完成后进行统计。

一、1．冒险性——对新事物下决心做好。 C

2．适应性——轻松自如融入任何环境。 P

3．生动性——表情生动多手势。 S

4．分析性——准确知道所有细节之间的逻辑关系。 M

二、1．持久性——完成一件事后才接手新事。 M

2．娱乐性——充满乐趣与幽默感。 S

3．说服性——用逻辑与事实服人。 C

4．在任何冲突中不受干扰，保持冷静。 P

三、1．包容性——易接受他人的观点，不坚持己见。 P

2．牺牲性——为他人利益愿意放弃个人意见。 M

3．社交性——认为与人相处好玩，无所谓挑战或商机。 S

4．强烈意识性——决心依自己的方式做事。 C

四、1．体贴性——关心别人的感觉与需要。 M

2．控制性——控制自己的情感，极少流露。 P

3．竞争性——把一切当成竞赛，总是有强烈的赢的欲望。 C

4．因个人魅力或性格使人信服。 S

五、1. 清新振作型——给他人清新振奋的刺激。 S

2. 敬仰型——对人诚实尊重。 M

3. 保守型——自我约束情绪与热忱。 P

4. 机智型——对任何情况都能很快做出有效的反应。 C

六、1. 满足性——容易接受任何情况和环境。 P

2. 敏感性——对周围的人事十分在乎。 M

3. 自立性——独立性强、机智，凭自己的能力判断。 C

4. 生气性——充满动力与兴奋。 S

七、1. 计划性——事前做详尽计划，依计划进行工作。 M

2. 耐性——不因延误而懊恼，冷静且容忍度大。 P

3. 积极性——相信自己有转危为安的能力。 C

4. 推广性——运用性格魅力或鼓励推动别人参与。 S

八、1. 确信——自信，极少犹豫。 C

2. 率性——不喜预先计划，或受计划牵制。 S

3. 程序性——生活与处事均依时间表，不喜欢干扰。 M

4. 害羞——安静，不易开启话匣子的人。 P

九、1. 井然有序——有系统、有条理地安排事情。 M

2. 迁就——愿改变，很快与人协调配合。 P

3. 直言不讳——毫不保留，坦率发言。 C

4. 乐观——自信任何事都会好转。 S

十、1. 友善——不主动交谈，经常是被动的回答者。 P

2. 忠诚——保持可靠、忠心、稳定。 M

3. 趣味性——时时表露幽默感，任何事都能讲成惊天动地的故事。 S

4. 强迫性——发号施令者，别人不敢造次反抗。 C

十一、1. 勇敢——敢于冒险，下决心做好。 C

2. 愉快——带给别人欢乐，令人喜欢，容易相处。 S

3. 外交——待人得体有耐心。 P

4. 细节——做事秩序井然，记忆犹新。 M

十二、1. 振奋——始终精神愉快，并把快乐推广到周围。 S

2. 坚持一贯——情绪平稳，反应永远能让人预料到。 P

3. 文化性——对学术、艺术特别爱好。 M

4. 自信——自我肯定个人能力与成功。 C

十三、1. 理想主义——以自己完美的标准来设想衡量事情。 M

2. 独立性——自给自足，自我支持，无需他人帮忙。 C

3. 无攻击性——从不说、做引起他人不满与反对的事。P

4. 激发性——鼓励别人参与。 S

十四、1. 感情外露——忘情地表达出自己的情感、喜好，与人娱乐时不由自主地接触别人。 S

2. 果断——有很快做出判断与结论的能力。 C

3. 尖刻的幽默——直接的幽默近乎讽刺。 P

4. 深沉——认真、深刻，不喜肤浅的谈话或喜好。 M

十五、1. 调解者——避免冲突，经常居中调和不同的意思。 P

2. 音乐性——爱好且认同音乐的艺术性，不单是为表演。 M

3. 行动者——闲不住，努力推动工作，别人跟随的领导。 C

4. 结交者——喜好周旋于宴会中，结交朋友。 S

十六、1. 考虑周到——善解人意，能记住特别的日子，不吝于帮助别人。 M

2. 固执者——不达目的誓不罢休。 C

3. 发言者——不断愉快地说话、谈笑，娱乐周围的人。S

4. 容忍者——易接受别人的想法和方法，不愿与人相左。 P

十七、1. 聆听者——愿意听别人想说的话。 P

2. 忠心——对理想、工作、朋友都有不可言喻的忠实。M

3. 领导者——天生的带领者，不相信别人的能力如自已。 C

4. 生趣——充满生机，精力充沛。 S

十八、1. 知足型——满足自己拥有的，甚少羡慕他人。 P

2. 首领型——要求领导地位及别人跟随。 C

3. 制图型——用图表、数字来组织生活，解决问题。 M

4. 可爱型——讨人喜欢，令人羡慕。人们注意的中心。S

十九、1. 完美主义者——对己对人高标准，一切事情有秩序。M

2. 和气性——易相处，易说话，易让人接近。 P

3. 工作者——不停地工作，不愿休息。 C

4. 受欢迎者———聚会时的灵魂人物，受欢迎的宾客。S

二十、1. 跳跃型——充满活力和生气的性格。 S

2. 勇敢型——大无畏，不怕冒险。 C

3. 模范型——时时保持自己举止合乎认同的道德规范。P

4. 平衡型——稳定，走中间路线。 M

二十一、1. 乏味——面上极少流露表情或情绪。 P

2. 扭怩——躲避别人的注意力。 M

3. 露骨——好表现，华而不实，声音大。 S

4. 专横——喜命令支配，有时略傲慢。 C

二十二、1. 散漫——生活任性、无秩序。 S

2. 无同情心——不易理解别人的问题与麻烦。 C

3. 无热忱——不易兴奋，经常感到喜事难成。 P

4. 不宽恕——不易宽恕或忘记别人对自己的伤害，易嫉妒。 M

二十三、1. 逆反——抗拒或犹豫接受别人的方法，固执己见。C

2. 保留性——不愿意参与，尤其当事物复杂时。 P

3. 怨恨性——把实际或想象的别人的冒犯，经常放在心中。 M

4. 重复——反复讲同一件事或故事，忘记自己已重复多次，总是不断找话题说话。 S

二十四、1. 惧怕——经常感到强烈的担心、焦虑、悲戚。 P

2. 挑剔——坚持做琐碎事情，要求注意细节。 M

3. 健忘——由于缺乏自我约束，不愿记无趣的事。 S

4. 率直——直言不讳，不介意把自己的看法直说。 C

二十五、1. 好插嘴——滔滔不绝的发言者，不是好听众，不留意别人也在讲话。 S

2. 不耐烦——难以忍受等待别人。 C

3. 优柔寡断——很难下定决心。 P

4. 无安全感——感到担心且无自信心。 M

二十六、1. 不善表达——很难用语言或肢体当众表达感情。 C

2. 不愿参与——无兴趣且不愿介入团体活动或别人生活。 P

3. 不受欢迎——由于强烈要求完美，而拒人千里之外。 M

4．难预测——时而兴奋，时而低落，承诺总难兑现。S

二十七、1．犹豫不决——迟迟才有行动，不易参与。 P

2．难于取悦——标准太高，很难满意。 M

3．即兴——不依照方法做事。 S

4．固执——坚持依自己的意见行事。 C

二十八、1．悲观——尽管期待好结果，但往往先看到事物的不利之处。 M

2．自负——自我评价高，认为自己是最好人选。 C

3．放任——容许别人（包括孩子）做他喜欢做的事，目的是讨好别人，令人喜欢自己。 S

4．平淡——中间性格，无高低情绪，很少表露感情。P

二十九、1．无目标——不喜定目标，也无意定目标。 P

2．冷落感——容易感到被人疏离，经常无安全感或担心别人不喜欢与自己相处。 M

3．好争吵——易与人争吵，永远觉得自己是正确的。C

4．易发怒——有小孩般的情绪，易激动，事后马上又忘了。 S

三十、1．漠不关心——不关心，得过且过，以不变应万变。 P

2．莽撞——充满自信，坚忍不拔，但常不适当。 C

3．消极——往往看到事物的反面，而少有积极的态度。M

4．天真——孩子般的单纯，不喜欢去理解生命的意义。S

三十一、1．孤独离群——感到需要大量时间独处。 M

2．工作狂——为回报或成就感，不断工作，耻于休息。 C

3．需要认可——需要旁人认同、赞赏，如同艺术家需

要观众的掌声、笑声与接受。 S

4. 担忧——时时感到不确定、焦虑、心烦。 P

三十二、1. 胆怯——遇到困难退缩。 P

2. 过分敏感——被人误解时感到冒犯。 M

3. 不圆滑老练——常用冒犯或未斟酌的方式表达自己。 C

4. 喋喋不休——难以自控，滔滔不绝，不是好听众。S

三十三、1. 多疑——事事不确定，又对事缺乏信心。 P

2. 擅权——冲动地控制事情或别人，指挥他人。 C

3. 抑郁——很多时候情绪低落。 M

4. 生活紊乱——缺乏组织生活秩序的能力。 S

三十四、1. 内向——思想兴趣放在内心，活在自己的世界里。M

2. 无异议——对大多数事情均漠不关心。 P

3. 排斥异己——不接受他人的态度、观点、做事方法。 C

4. 反复——善变，互相矛盾，情绪与行动不合逻辑。S

三十五、1. 杂乱无章——生活无秩序，经常找不到东西。 S

2. 情绪化——情绪不易高涨，不被欣赏时很容易低落。 M

3. 含糊语言——低声说话，不在乎说不清楚。 P

4. 喜操纵——精明处事，影响事物，使自己得利。 C

三十六、1. 缓慢——行动思想均比较慢，通常是懒于行动。 P

2. 怀疑——不易相信别人，寻究语言背后的真正动机。 M

3. 顽固——决心依自己的意愿行事，不易被说服。 C

4．好表现——要吸引人，要做注意力的集中点。 S

三十七、1．大嗓门——说话声与笑声总是令全场震惊。 S

2．统治欲——毫不犹豫地表示自己的正确或控制能力。 C

3．懒惰——总是先估量每件事要耗费多少精力。 P

4．孤僻——需大量时间独处，喜避开人群。 M

三十八、1．易怒——当别人不能合乎自己的要求，如动作不够快时，易感到不耐烦而发怒。 C

2．拖延——凡事起步慢，需要推动力。 P

3．猜疑——凡事怀疑，不相信别人。 M

4．不专注——无法专心或集中注意力。 S

三十九、1．勉强——不甘愿的，挣扎，不愿参与或投入。 P

2．报复性——随感不定，记恨并力惩冒犯自己的人。 M

3．轻率——因无耐性，不经思考，草率行动。 S

4．烦躁——喜新厌旧，不喜欢长期做相同的事。 C

四十、1．妥协——为避免矛盾，宁愿放弃自己的立场。 P

2．好批评——不断地衡量和下判断，经常考虑提出相反的意见。 M

3．狡猾——精明，总是有办法达到目的。 C

4．善变——像孩子般注意力短暂，需要各种变化，怕无聊。 S

S—（　　）M—（　　）C—（　　）P—（　　）

# 性格轮廓

如果大家已经做完了上面的测试，现在让我们来看看这四个英文字母所代表的意义和性格类型：

S 代表活泼型，他们给我们这个世界带来了无穷欢乐；

M 代表完美型，他们有洞悉人类心灵世界的敏锐目光；

C 代表力量型，他们的领导才能会带领我们走向美好；

P 代表和平型，他们富有同情心，维护着世界的和平。

这四种性格的代表字母选择最多的一项便是你的主导性格。举例来说，如果你选的 C 最多，可以说明你是力量型，如果你选的 S 最多，便是活泼型。

让我们在具体的情境中来分析这四种性格。某剧院的演出正式开始了。五分钟后，剧院门口来了四个迟到的观众，剧院看门员按照惯例，禁止他们入场。

先到的 A 面红耳赤地与剧院看门员争执起来，他争辩说，剧院的时钟走快了，他不会影响任何人，打算推开剧院看门员径直跑到自己的座位上去，闹得不可开交。

迟一点到来的 B 立刻明白，人家是不会放他进入剧场里去的，但楼上还有个检票口，从那里进入或许方便些，就跑到楼上去了。

差不多同时到达的 C 看到不让他进入，就想：“第一场大概不太精彩，我还是暂且去小卖部转转，到幕间休息时，再进去吧。”

最后到来的 D 说：“我真是不走运，偶尔来一次剧院，就这样倒霉！”接着就回家去了。

这四种人的心理活动都具有个人独特的性格色彩。

A 是力量型人，直率、热情、精力旺盛，情绪易于激动，心境变化剧烈；

B 是活泼型人，好动、敏感、反应迅速，注意力容易转移。

以上两种人的性格都具有外向性。

C 是完美型人，安静、稳重、反应缓慢，沉默寡言，情绪不易外露，善于忍耐；

D 是和平型人，孤僻、自卑、行动缓慢，多愁善感。

以上两种人的性格都属于内向的类型。

不过现实社会中，极端外向或极端内向的人毕竟是少数，大多数的人都介于外向和内向之间的中间类型。

需要注意的是，性格并没有好坏之分，不同的性格和不同的策略与原则，在迈向成功的道路上也会有不同的选择。同时，没有一个人是 100% 的属于某一种类型。如果 40 道题目答案选择的都是同一字母，这种人是非常可怕的。事实上，到现在为止也还确实没有见到一个这样的人。有一次研讨会中有一人举手，让作者大吃一惊，跑下去一看，原来是他把 C 和 S 写混了，幸亏是虚惊一场。如果 40 个答案都是 C 的话，这个人会天天亢奋不已，那情形可想而知；如果 40 个都选 S，这个人会兴奋莫名；如果 40 个都是 M，无庸置疑，他肯定会觉得这个世界简直没有希望，活着太没意思了，最终必定抑郁而终；如果 40 个都是 P，他们对这个世界一文不值，没有任何意义，他会无事可做，无聊透顶。所以请记住，没有任何一个人完全属于同一类型，每个人都是复杂而完美的组合。

我们来看看性格组合的方式：

1. CS和SC、PM和MP

这种组合方式是世界上最多的一种组合方式，我们把它叫作自然组合方式。

CS和SC这种性格大体是外向的。他们喜欢眉飞色舞，喜欢绘声绘色，喜欢朗声大笑。

PM和MP组合则是属于内向型的。他们喜欢安静、沉稳寡言。

2. CM和MC、SP和PS

这种组合方式叫作互补组合。为什么叫作互补组合？大家会发现这是一个奇怪的现象。刚才提到的CS和SC是外向型，PM和MP是内向型。CM和MC则是又内又外，力量是外向，完美是内向，更重要的是这种组合分别结合了内向、外向的优点，所以这种人还有一个好听的名字，叫作得天独厚型。

3. CP和PC、SM和MS

这种组合也是既有内向、又有外向的特征，只不过它们的组合有明显的不相容之处，所以这种组合称为矛盾组合。

4. 平均型

各个题目得分比较平均，有的人可能40个题答案选择个数差不多，这是第四种情形。出现这种情形有以下几种可能。

第一，不用多看，就是和平型，你不知道怎么选，结果便随便选一个。

第二，你是一个完美型，你觉得哪一点都应该沾点边，追求完美，所以选平均了。

第三，这种情形在西方比较多，由于成长过程中备受压抑，所以产生了“我是谁”的疑问，知道我是谁了，又不知道怎么办了，反正都像，又都不像。

第四，很简单，题目选错了。这种人活泼型居多，他们就是老选错题目。

我们明白了性格的四种组合方式，那么就能简单地了解你的性格属于哪一种类型，借此我们可以找出自己的优点、缺点，并且学会如何扬长避短。同时，理解别人并认识到别人的不同之处并不意味着他们是错的。这样我们可以同活泼型的人玩得开心，他们总是流露出对生活的积极态度；我们也可以严肃地同完美型的人相处，他们对一切都要求完美；我们将和天生为领袖的力量型的人一起冲锋；我们将和对生活安于现状的和平型的人无拘无束地放松一下。总而言之，不论我们属于哪种类型的人，我们都可以从中学到某些东西。

## 性格确认

本书中的性格测验，读者必须自己选择哪一个类型的描述最符合自己，因此，读者们必须先对自己有些认识，才能够确认出自己的类型。如果某些人对自己一无所知，他们将无从开始，因此即使是最正确的判定，也产生不了任何意义。

那么，我们怎样才能确定自己的选择呢？

第一个解决问题的方法是请朋友帮助，请他们告诉自己，在他们心目中自己是属于哪种类型。古人说，别人看我们要比我们看自己更清楚。这往往是正确的。如果你的朋友了解你，而且坦白地一起讨论你的类型，那么即使是那些对自我判断有自信的人，也会从朋友那儿得到帮助。对自己有部分了解，但依旧无法确定自己是哪种类型的人，应该仔细推敲最有可能的另外三种类型。

人们常常选择他们喜欢的类型而非他们真正的类型。当然，这种情况决不普遍，而且有可能大部分的人一眼就认出自己的类型。无论如何，了解自己的类型，并且以更客观的方式看待自己，常会造成情感上的骚动（至少在初期），同时也让我们面对新的挑战。

了解自己并不一定是令人愉快的，特别是如果我们在内心掩藏了什么，尽管我们越对自己诚实，自我认识就会变得越解放。总之，如果我们选的是令自己喜欢的类型而非真正的类型，我们又骗得了谁呢？选择错误的类型，不但无法转化自我，同时也可能欺骗别人。

那么，如何确定我们所选的类型是正确的呢？在此仅提供一些经验规则以供依循。

如果你所选择的类型能激起内心深沉的情感，并帮助你了解自己从未触及的层面，那你可能选对了。

如果你的选择引导你与外界有新的联系，并看出自我与外在人际关系的新的模式，那你的判定可能是正确的。

如果你选择的类型一方面让你困扰，另一方面又让你产生勇气和莫名的兴奋，那你可能选对了。

如果你的家人和朋友和你意见一致，那你也可能选对了。

然而，没有任何一种方法能百分之百告诉我们是否自己选对了类型。我们永远也不可能找到一本记载我们自己类型的书，或从自己身上的某个部位找到我们的类型的标记。只有我们认真审视自己，才可能获得客观的证据。在时间和经验的累积之中，我们对自己的判定信心会逐渐增加，尽管这总是得依赖最有用的证

据来加以判断。许多人可以立刻决定自己的类型，而有些人则需要较长的时间。你可能是两者中的一种。

不少人会犯的最大错误是，他们在选择性格类型时，只依据少数的特征来决定，而没有对每一种类型做全盘式的了解。例如，一位完美型的读者可能也会具有尖刻的幽默，如果据此便认定自己是和平型的性格，显然很容易以偏概全，最终导致判定上的误差。

# 第三章

## 性格特征

# 活泼型（S型）的性格特征

——对别人无所谓，对自己也无所谓

**1. 表象**

活泼型的人大体来说是属于外向、多言、乐观的群体。他们的存在给世界带来了无穷的欢乐。他们总是表现得快乐无边，兴奋不已。这群活泼型的人看他的脸庞就能看出来，他的脸就像含苞待放的花一样随时会怒放。而且女孩子喜欢穿大红大紫，喜欢戴着大耳环晃来晃去，男孩子喜欢系颜色鲜艳的领带。再有，他们走起路来是蹦蹦跳跳的。活泼型的人喜欢快乐，他们的手势特别多，眼睛总是左顾右盼的，肢体语言特别丰富。

他们喜欢表现（这种男孩西方人居多）。领带系的歪歪斜斜垂着的肯定是活泼型的人。（完美型的人完全不会这样子，他们时常把镜子拿出来照一照，唯恐有一丝的不周到。）手提包里乱糟糟的，我们就能知道你是活泼型的人。整理衣服只整理表面，熨衣服只熨袖子，绝对是活泼型的人。

我原来有一对朋友，他们是房地产做得特别成功的一对夫妻，两个人都是活泼型的人。那情形真是热闹。最早我去他们家，他们的家里是什么样子呢？如果他俩钻在床上，我根本不知道床上有人。丈夫天天找不到笔，天天在找笔，妻子则天天在找袜子，经常找东西的人通常是活泼型的人。

### 2. 社交

活泼型的人好动。你去参加一个晚会，在楼梯口就能听见有人在笑，未见其人先闻其声的，那就是活泼型的人。这种人一见人就马上打招呼。完美型的人就很讨厌这种方式。完美型的人是最不能容忍别人侵犯他的空间的。

活泼型的人喜欢群居，朋友特别多；性格好动、热情，总是带着欢乐；但老是记不住别人的姓名，一见面就说"你好"打招呼，但是忘记了别人的名字，想了半天，这个人是谁啊，走了好远才终于想起来；活泼型的人很容易对别人产生好感，因为他们天生想赢得别人的认可，这是活泼型的人的最大特点。

我们都具有自己与生俱来的性格特征，而且在生命初期便表现出来。活泼型的孩子天生懂得寻找乐趣。从小他们就已经表现出好奇、开朗的性格。活泼型的孩子拿什么都能玩起来，或开怀大笑，或喃喃细语。他们还喜欢跟小伙伴儿在一起玩耍。

要想发现活泼型的人有一个最容易不过的方法：在一组人里面细心聆听，找出说话最多的人便是了。其他性格类型的人也会讲话，而活泼型的人却总是在讲故事。

活泼型的人最喜欢赞美别人，见到人就说"你好漂亮""今天你的发型可真美"。而完美型的人则想"用不着那么夸张"。完美型的人觉得活泼型的人在说谎，老觉得他们说话太夸张，不能容忍他们。活泼型的人不是故意想去夸大什么事情，他们总想把一些事情表现得丰富多彩。他们想，中国语言如此丰富，为什么不用呢？他们最容易把一说成十，所以完美型的人很不认可他们，说他们说谎。完美型的人说话时一就是一，二就是二，没有什么一点五。

活泼型的人特别喜欢道歉，一错就连说“对不起对不起”。力量型的人恰恰相反，我们很少能听到他们说“对不起”，因为他们认为道歉是一种低等的表现。活泼型的人道歉的频率是相当得高，那是因为他们犯错的速度比道歉的速度还快。

在公共汽车上，在电影院里面，或者在地铁里，说话特别大声的准是活泼型的人；商场减价活泼型的人最积极，喜欢热闹、新鲜的东西。

他们最讨厌数字，记数字最差劲，一碰到数字头都大了。完美型的人就特别喜欢数字，喜欢图表。

活泼型的人是所有类型人当中最喜欢迟到的人，所以通知活泼型的人开会，7：30 一定要说 7：00 开始。他们总能找到很多理由解释为什么会迟到。

他们是一群享乐型的人，做事不考虑结果，注重的只是好玩，昨天发生的事情不会困扰他们，明天发生什么他们根本不考虑，他们觉得开心就可以了。他们是天真善变、追求新鲜的一群长不大的孩子。

**3. 情感**

活泼型的人每次失恋都是第一次，每次流泪都有新的感觉，痛不欲生，但过一会儿就又没事了，又高兴起来。

活泼型的人有一点困难就觉得太麻烦了，想撒手不干，但是没过两天他们又会说要大干一场。他们一遇到困难就善变。他们寻求新鲜感。活泼型的孩子从小就很受宠，他们天真可爱，父母喜欢，老师也喜欢，以至于他们总是长不大。

活泼型的人一般都很胖，他们不生气，不记仇，所谓心宽体胖，原因便在这里。很多活泼型的女生说“我喝水都胖”。一般完美型的女孩不胖，她们“忧国忧民”。

活泼型的人的情绪一下子就可以被调动起来，比如房间里在开会，我们这边在讲小李怎么样怎么样，如果他是一个完美型的人，进来他会说“讲我什么坏话呢？”如果是一个活泼型的人又会怎么想呢？“又在讲什么有趣的事情？”听到别人叫你的名字你在想什么？你是觉得很好玩，还是觉得别人在说你什么，这就可以看出你的性格如何了。

**4. 能力**

活泼型的人爱好音乐，喜欢唱歌，但可能不识谱；他们喜欢写诗，但是总写不出让人觉得很好的诗。完美型的人就不一样了，世界上几乎所有的大艺术家都具有完美型的性格。完美型的人可能不会唱歌，但是可能会用乐器。换句话说，活泼型的人跟完美型的人他们都是属于情感型的人，只不过情感表达的方式不一样：活泼型是外向的情感表达方式，完美型是内在的情感表达方式。

我举一个简单的例子，《泰坦尼克号》的电影，当片子放到非常凄切的那一段的时候，整个剧场都是哭泣声，谁在哭？活泼型的人在哭。完美型的人不会哭，他们胸腔悲堵，眼睛润湿，鼻腔发酸……但是眼泪就是没出来。回到家里活泼型的人就笑着看《还珠格格》去了；但是完美型的人可能会一个星期都停留在《泰坦尼克号》影片中，仍然停留在那个难受的情绪里。

活泼型的人表达起来也是特别外向，有时候往往让其他类型的人不能理解，特别是力量型的人。如果丈夫是力量型的人，妻子是活泼型的人，那会由于情感过分地外向表达而发生矛盾。力量型的人是以工作为主导，他们做任何事情时都不要人打扰他们。力量型的丈夫正在工作，活泼型的妻子在那边撒娇，那势必会引

来一顿呵斥。活泼型的妻子于是便开始生气，但是过一会儿就没有事了。你要理解他是力量型的人，他工作的时候别打扰他，他工作就是工作，很专心的。

活泼型的人对别人无所谓，对自己也无所谓。他唯一需要的就是欢乐、情趣，只要有欢乐和情趣就好了。活泼型的人听我们谈论一件事情的时候一定要让他们感觉这件事情很有趣，很丰富多彩。他们就喜欢好玩的东西、新鲜的东西。在一些氛围好的地方跟他们讲就比较容易达成共识。但是完美型的人这一招不管用，他们会要求你准备详细的资料。

在最佳的状态下，健康的活泼型的人对现实有足够的信心，他们与环境接触时不存在占据的心态。他们发现生命的内涵本身就足以满足他们，只要他们能够真正地理解。此外，对现实深刻的体验使他们不仅仅是快乐而简直是狂喜，使他们能够接受现实，并且无条件地肯定生命的本相。鲁宾斯坦说："我无条件地热爱生命！"

在肯定生命的态度下，活泼型的人能够接受人类存在的神秘性与不安定的状态，他们不因生命本质的脆弱感到焦虑，而能够真正地赞赏生命原本的面目。他们能够超越心理上的快乐，进入灵魂深处狂喜的境界，那是文字和语言都难以企及的境界。他们觉得生命充满神圣庄严并且值得敬畏。因此，健康活泼型的人心中充满对这个世界和生命的惊喜与赞赏，面对这伟大而美好的一切，他们会屈膝感谢并赞美。

他们以极度的喜悦拥抱每一件事。生命是如此的奇妙且令人敬畏，健康的活泼型的人能够在每件事情中看到美好的一面，即使是他们所不理解或未曾思考过的事物都能使他们快乐。存在本身神奇的丰富性对他们有深远的影响，现象能够进入他们的内在，使他们的精神生命也因而丰富起来。因此生命的黑暗面，以及死亡的阴影，都无法令他们忧惧，因为这些现象也都是他们真诚拥抱自然生命的一部分。奇妙的是，当他们对生命抱以宽容和接受的态度而不苛求什么时，生命所带给他们的意义却更加丰富。

他们怀着感恩的心情把每件事都视为礼物，当某件事对个人的私利没有任何助益时，他们也会以宽阔的胸襟去欣赏事物本身的价值。因此，健康情况下的活泼型的人对生命本质中美好的特质有着强烈的信心。

在这种情况下，无论面临多么不幸的困境，只要能从最适合的角度去迎接他们，他们都能从中得到快乐。他们不会汲于身外之物，因为他们所拥有的是内在深刻的满足。只要生活的焦点是在于生命中真正有价值的事物上，不是表面的财富，而是更恒久的真善美，那么，生命将是一连串的喜悦。

当健康活泼型的人处于这种充满喜悦的肯定状态时，他们将一再地对世界感到惊喜，因为在丰富的现实中，充满着他们所未经历的事物。由于这个世界是无穷的，因此他们能够一再地经历这种狂喜的巅峰，而且永远也不会被剥夺。

健康的活泼型的人乐于与人分享。他们诚挚地想让周围的人快乐并且欣赏和享受他们所爱的事物，从而使他们受到人们的欢迎。

健康活泼型的人认为自己是快乐并且热情的，他们把幸福与快乐视为人生的目标。由于他们对事情总是有很高的兴致，因此他们是令人愉快的伙伴，而且他们的活力与热情具有感染力，能够辐射到周围的人的身上，和这样的人相处，总是充满乐趣而且

容易被他们活泼的精神所感动。

哦，这个世界多么需要活泼型！
遇到麻烦时带来欢笑，
身心疲乏时让你轻松，
聪明的主意令你卸下重负，
幽默的话语使你心情舒畅。
希望之星驱散愁云，
热情和精力无穷无尽，
创意和魅力为平凡涂上色彩，
童真帮你摆脱困境。
让我们和活泼型一起欢乐！

## 完美型（M型）的性格特征

——对别人要求严格，对自己也要求严格

### 1. 表象

完美型的人总体来讲是内向的思考者，属于悲观的一群人。完美型的人严肃、得体、礼貌、矛盾，怕别人不在意，又怕别人太在意。

从面部看，活泼型的人像一朵含苞未放的花，而完美型的人往往是拉着个脸，一张阶级斗争的脸，不爱笑。活泼型的人走路总是蹦蹦跳跳的，完美型的人走路一般看着地向前走，不喜欢抬头，而且眼神躲闪。

再有，他们穿着衣服是特别地讲究，完美型的人在出门之前为了穿衣服会花大量的时间，换来换去，终于决定穿哪一套了，一出门又后悔了，还是觉得穿得不够好，因为他们总是在追求完美，所以他们喜欢花大量的时间打扮。

活泼型的人一笑就哈哈大笑；而完美型的人笑是很小声的，他们举止非常彬彬有礼，非常的得体。再有，他们非常有条理，非常整洁，家里和办公室都非常干净，他们的衣服都熨得妥妥帖帖的，到处收拾得干干净净。

例如，我的母亲便是典型的完美型的人，而父亲是力量型的人。每次挤牙膏，父亲是从中间挤，而母亲从下往上一点点挤。她很烦父亲挤牙膏的方式，也绝不允许我们挤牙膏时乱挤。要求到处干干净净，鞋放这里不能放那里，总得规规矩矩的。

小孩子出去旅游要先准备东西，活泼型的人没有带什么东西，而完美型的人带的东西是非常齐全的。完美型的人的包总是巨大的。他们生活井井有条，特别讨厌别人碰自己的东西。办公桌前，完美型和活泼型的人一看就知道了。所以跟完美型的人在一起最好不要接触他们的身体，不要去碰他们的东西。

完美型的人往往喜欢睡上铺，不喜欢睡下铺，他们喜欢干净。他们的生活非常有规律，早上干啥，中午干啥，晚上干啥，特别是有些习惯一辈子都保持着，生活规律是清清楚楚不会改变的。

**2. 社交**

活泼型的人会结交很多的朋友，但是很少有真正意义上的真朋友，多是你的听众、欣赏你的人、听你说话的人。完美型的人不轻易结交朋友，但是结交的每一个朋友都是非常好的朋友。为什么呢？他追求完美，看谁都不完美，一般他们结交的朋友也是

完美型的人，互相欣赏。所以说剩下的大龄女子几乎都是完美型的人，因为她们总是不满意其他性格类型的人。性格不一样就有根本不同的表现。

活泼型的人总是记不住事情，但是完美型的人则不一样，他们非常忠诚，对朋友非常好，他们能记住很多让你根本想象不到的事情，是所有的朋友当中最忠诚的一群人。所以如果你有一个完美型的朋友，恭喜你，你们会成为一生的朋友。

在社交方面，活泼型的人是未见其人先闻其声，他们是先张嘴再说话，张了嘴就说，根本不会考虑什么后果。而完美型的人则是先思考，思考完了再说。完美型的人特别不能理解活泼型的人为什么总是说错话，正如活泼型的人不能理解完美型的人为什么这么严谨一样。一进门，活泼型的人是蹦蹦跳跳地大叫大笑，而完美型的人则是低着头慢慢进来，又怕别人太注意他，但是如果别人不注意他也会难受。完美型的人情绪特别容易低落，一些小小的事情、无意间的一句话就让完美型的人难以接受，越想越难受，甚至于会就此离开。但你若是想跟一个朋友就某一个话题进行深刻的交谈，完美型的人是非常适合的。

完美型的人是非常有才华有天分的人。他们很难赞美人，因为他们看事总觉得不够完美，他们觉得一句赞美的话只能送给一个人。活泼型的人总是见人就赞美；而完美型的人觉得很夸张，不能理解，所以他们经常跟活泼型的人发生矛盾。他们是属于生活在自己内心感受中的高标准的一群人。

昨天的失望折磨着他们，明天的困惑困扰着他们，总觉得很失落。

3. **情感**

什么事情对活泼型的人来说都不是很重要，但是什么事情对完美型的人来说却都很重要。完美型的人看电视会非常投入，他们觉得主角就像自己似的；而活泼型的人看完就忘记了。

活泼型的人一般是心宽体胖；而完美型的人一般是比较消瘦，天天都在思考问题。他们小病不断，总有这样那样的一些小病，特别容易紧张。如果有一点感冒，他们会觉得自己会有什么大问题了，赶快去医院看病，特别紧张。

在情感及家庭方面，完美型的女性一般来说非常善于料理家务，特别善于节省，像我的母亲什么东西都不能扔，她全都要留着，她有一句话是“万一有一天用得着呢”。他们有着内向型的情感。法国著名预言家罗查丹玛斯就是典型的完美型的人，典型的悲观一族，他预测的很多事情都异常精确。这就是天才的完美型。悲观的积极意义在于：可以预知未来的风险，提前防范。完美型的妻子如果有一位活泼型的丈夫，那么他们经常会产生矛盾。完美型的妻子特别敏感；活泼型的丈夫特别大大咧咧，记不住什么事情。举一个例子：活泼型的人情感起伏非常大；完美型的人情感起伏不大，但是周期特别长。完美型的妻子每天入睡前，会说明天早晨我想吃点煎蛋，活泼型的丈夫说没问题，但是睡觉起来什么都忘了。结果第二天妻子一看没有，很生气。活泼型丈夫也看不出妻子的情绪变化，活泼型的丈夫就会说你有什么事情，我有做得不对的可以道歉嘛……非得要她说出来。这样，他们之间就会产生这样或那样的误会。活泼型的人生气一会儿就好了，周期很短。完美型的人是属于内向型情感，他们总是觉得活泼型的人神经过敏；活泼型的人觉得完美型的人不懂诗意，这么一点小事

不用那么计较。

总体来看，完美型的人是对别人要求很严格，对自己要求也严格。完美型的人生命的意义就是贡献牺牲，这是非常难能可贵的。完美型的人特别是母亲，或者是你的丈夫，他会愿意为你去做饭，但不会为自己去做；他会给你买很好的东西，但是自己却很节省，他总是牺牲贡献，让别人过得比自己好。男女谈恋爱，失恋的女孩子是活泼型的人，如果给她介绍一个新的男朋友什么事也就没有了。但如果是完美型的人就惨了，整天闷闷不乐，想着“亲爱的，知道吗，我还在想你，只要你过得比我好。”

需要记住的是，完美型的人不会因为悲观就失去积极的意义，所以完美型的人往往给国家、集体，甚至给家庭和个人提早发现危机。他们很悲观，很敏感，但不能说他们没有积极的意义，因为任何事情都有好的和坏的一面。力量型的人外向，重行动，乐观。活泼型的人总是在说，力量型的人总是在做，完美型的人总是在想，和平型的人总是在看。

然而想要对健康完美型的人的内在世界加以描述，仍是一件困难的事，因为他们的内在世界是由对真实世界的印象所组成的，这样的内在生命几乎可以说是经验的集合。事实上，完美型的人的内在世界也不像他们所拥有的外在生命那么多彩多姿，他们在由外在的活动和兴趣所构成的世界中能够为自己创造更多的刺激，进而带来更大的生命动力，这样的生活状态就像在说：“我感知所以我存在。”

如果够聪明的话，完美型的人擅于表达，言词机敏，理解与组织能力都很强，并且有卓越的记忆力，每件事都像影片一般记录在脑海中，事件只要闪现一下，他们就可以留住它。他们可以快速且轻易地记住轶闻、音乐故事、电影的情节以及历史等。

健康的完美型的人对每件事都很擅长：他们懂得多种语言，能够演奏各种乐器，在自己的专业领域内相当杰出，甚至对烹饪、缝纫等技艺也都很内行，此外他们还懂得音乐、艺术等和生活有关的所有事物。整个世界似乎都在他们的掌握之中。

整体而言，健康的完美型的人是所有类型的人格中最具有才能的人。如果又特别聪明的话，在幼年时期，他们就会是早熟的天才儿童。即使不是具有特别出众的才能，完美型的人也会较同龄人更有才艺，也因此能够受到人们的尊敬，然而这一切可能是源于他们心智的外向性。

## 力量型（C 型）的性格特征

——对别人要求严格，对自己无所谓

**1. 表象**

让我们再看看力量型的人的表象与社交。从他的脸和眼睛来看，力量型的人眼睛炯炯有神，走路大跨步，脸上的表情总是聚精会神。另外，他们的外表也非常有特色，准确地反映出了他们的性格。他们的手势不是很多，但是只要一出手就是很坚定的动作。完美型的人一般会比较协调；力量型的人虽不是很协调，但很有力量，并且快捷。他们最喜欢吃快餐，不喜欢把时间花在吃饭上面，除非是为了工作。谁喜欢慢慢吃饭？完美型的人。力量型的人穿衣服一般会穿条块形，我们以前有一位老师就是这样的。

如果夫妻两个都是力量型的人，那么服装一定是像一个火柴盒似的方块形。力量型的人喜欢穿黑色的衣服，用黑色的包，这都是力量型的人的表现。

**2. 社交**

他们是一群执着好动、唯一不需要朋友的人。力量型的人天生就是领导者，最喜欢挑战的就是这群人，所以他们说话直来直去。他们和活泼型的人不一样，活泼型的人是张嘴话就出来的人，力量型的人与工作无关的话不说，他们不喜欢说话。

力量型的人参加宴会时，不会轻易参与谈话，拿一杯水在那里喝着、看着，在旁边听着。他们发现里面有的人的观点说错了，他们会说对不起，你的看法不对，我发表一下我的看法。他们最喜欢争执，非要争个你死我活。力量型的人与人沟通中最大的忌讳就是争辩，你争赢了又怎么样？那也是输了！因为没有任何人愿意看到你为了争论而获得胜利，并且会对你产生敌视的情绪。

力量型的人最喜欢坚持己见，即使错了也不道歉。愿发号施令而不肯承认错误，他觉得错误都是由别人造成的，如果是听他自己的话怎么会弄错呢？非常有意思的是，他们是一种永不会犯错的人。他们也是一群最愿意为集体和国家做事情的人。一谈到民族感就庄严肃穆，这些人全是力量型的人。

**3. 情感**

他们的情感方面也全都是工作，天生领导，性情烦躁，注重方向，强调价值，轻细节，多行动，难放松，一旦生病便是大病，感情脆弱。艺术性相对比较差，他们对音乐并不是特别地欣赏和爱好，就是喜欢工作，停不下来。力量型的人因为很有力量，说话都比较直接，好像没有同情心似的，其实这是可以理解的。完美型的人很难把自己低调的情绪向别人透露，他们不愿意讲。如果他们愿意讲一定是很尊重这个人。

力量型的人往往很少考虑别人，让很多完美型的人与和平型的人觉得力量型的人没有同情心。力量型的人不是没有同情心，而是因为他们觉得这一切都是很自然的，你要想取得多大的成功就必然要遇到多大的困难；但是完美型的人没有做好这样的准备，他们必须一步一步地来。

**4. 能力**

力量型的人对别人要求严格，但是对自己是无所谓的。他们是天生的领导者，有时下级对上级有些地方觉得不能理解，就像我们觉得上级要求下级做什么，但他自己却做不到一样。力量型的人作为领导者一定要注意这一点，你对别人的要求自己也要做到，这样才能成为一个真正意义的领导者。

在活力与热情之外，健康的力量型的人具有创造力并且很有经验，因此他们能够对人们有所贡献。他们是那种只要专注就能有所成就的人，因此可以成为多才多艺的人。由于具有这种多方面才能的天赋，他们成为各个行业间搭建桥梁的人。

健康的力量型的人对事情有好恶分明的倾向，他们对每件事情都能够采取正向的态度。即使年纪渐渐老去，他们仍保有年轻的心态。此外，他们的生命力很强而且精力充沛，能够很快地从不可避免的伤害或挫折中恢复，就像凤凰浴火重生一般。力量型的人从不会让事件长久地挫败他们，他们有一种从事件中学习与再生的能力。

总而言之，力量型的人拥有充沛的生命力，能够一再地重新出发。他们与世界的接触能够不断地激发他们的活力，每一次的



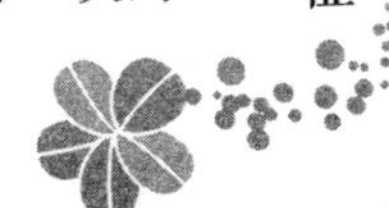

经验都能够增长他们的能力。

他们充沛的注意力与精力总是向外集中于这个世界。力量型的人不会被内省的默想所分心，因此从不会从实际行动的世界退缩，相反，他们会神采奕奕地随时准备投入新的领域。事实上，他们对这个世界的喜爱总是一再地把他们引导向前，使他们不断地获得新的兴趣和能力。

因为拥有许多经验能使力量型的人感到快乐，于是他们开始害怕如果自己只集中在一两件事物上，可能会错过其他事物，所以他们一再地想要拥有更多能使自己快乐的事物。这并不是什么不理性的欲求，但是他们“眼大肚子小”，并且欲望会不断地增强。

结果是一般的力量型的人将越来越有经验，并想要拥有所有的事物，认为如此便可以免除焦虑。

一般的力量型的人较不具有创造性，而较倾向于物质主义；较不具有建设性，而是想要去获得和拥有。

## 和平型（P 型）的性格特征

——对别人不要求，对自己不苛求

### 1. 表象

和平型的人普遍内向，乐于做旁观者，属于悲观类型。和平型的人从表面上看，他们的脸总是很祥和，而她们是所有女性当中皱纹最少的。

因为他们与世无争，所以很平和，他们走路缓慢，带着微微的笑容。他们的穿着比较休闲，内心的轻松愉悦也总写在脸上。他们动作很慢，幅度很小，面带微笑。他们一般不喜欢去做一些改变自己现有生活的事情。这种性格的人往往在一家单位一工作就是 20 年，住进一个地方就很难搬家。因为他们喜欢这种平静的生活。

**2. 社交**

他们在社交方面非常安静、稳定，朋友非常多，因为他们是这个世界上最好的聆听者。活泼型的人是最难做到闭嘴的，而和平型的人则是最好的聆听者，你让他们说话他们都不说，能不开口就不开口。他们参加宴会的情形会是怎么样呢？他们会面带微笑，走路慢慢的，很优雅地走进宴会厅，在一个不引人注意的角落坐下，如果那个角落非常安静，他一会儿就可能睡着。但实在是需要插进去参加讨论的话，他们也很幽默，谈话很机智，而且能谈出几句让别人觉得很经典、机智的话。

他们没有太多的愿望，总是觉得平平淡淡才是真。如果夫妻都是和平型的人，可能结婚不到一个月生活就会非常平淡了，没什么可说的了。他们总是很善良，不愿意给对方带来任何麻烦。我见过很多这种和平型的人，在飞机上就发现过这样一个例子：假设遇到免费供应餐饮，服务员会问："你要什么饮料？"和平型的人会说："随便。"如果这个服务员是一个力量型的人，服务态度又非常不好，他会说："没有随便。"正好旁边有一个人说："我要可乐。"和平型的人马上就会说："我也要可乐。"他们不会给任何人带来伤害，不想给任何人带来麻烦，基于这种心理状态，凡事便很难作决定。

和平型的人非常随和，生活在平静当中，坦然自若，非常有

耐心，很少发怒，所以他们是一群相对来说比较健康的人，生活得非常和谐。

力量型的人总是往前看。和平型和完美型的人都是属于内向型的人。他们都是属于悲观型的人，力量型和活泼型的人都是属于乐观型的人。力量型的人总是在工作，他是想着怎么样做到最好。完美型的人和和平型的人总是努力去维持现状，总是想着不要比现在更差。

和平型的人总是在互相讨论别人的长短，很满足自己的现状，他们不是说没有上进心，而是他们的性格导致他们喜欢平静。我们遇到和平型的人时一定要注意帮助他们树立目标，帮助他们激发创造自己未来的愿望。力量型的人睡觉也想着工作，和平型的人工作时候想睡觉。

**3. 情感**

所以说，和平型的人组成的家庭，孩子就享福了，总是过着非常平和的生活。一栋 28 层的大楼里面，19 楼突然失火了，住在 18 楼的和平型的母亲跟一个活泼型的孩子在吃饭，活泼型的孩子就会叫“不得了，失火了！”，和平型的母亲会特别镇定，若无其事一般。他们有一个很大的特点，遇到什么事情都不会特别慌乱。她会慢吞吞地说：“孩子别着急，先吃饭，吃完饭再给你爸爸打个电话。”这个时候，力量型的男人早就爬到屋顶上救火去了。不同的性格导致了他们截然不同的反应，所以说要多去了解性格才能更好地理解他人。

和平型的人来到这个世界上是上帝给其他三种性格的人的一种缓冲剂，他们只希望其他三种人能和平相处，避免矛盾。力量型的人特别容易被和平型的人吸引，因为他一看和平型的人就感觉很平静，特别喜欢。同样的道理，和平型的女士也会被力量型的男士积极上进的姿态所吸引，所以若他们成为夫妻，便会长久地互相吸引。如果两种性格产生冲突也会有许多不易解开的疙瘩。

和平型的人虽然显得非常平和，但是他们拥有许多独特的优势。有一位先生跟他的女朋友结婚以后，他的女朋友是和平型的人，问他喜欢她什么，他说他真的不知道喜欢什么，但是就是好。她的最大优点就是她没有明显的缺点。

和平型的人对自己很平和，对自己不苛求，他们的人生意义就是轻松随和，人生就像读一本小说一样，无论酸甜苦辣都非常有意义。

和平型性格的人不惜任何代价地维持平和，其自我无法发展出独立个体的功能，而拒绝正视事实存在的问题，也使他们脱离了真实的世界。

和平型的人的写照：自制、自律、实践、平静、满足，感受深刻，敏锐、不忸怩、情绪稳定，温和、乐观，让人安心。他们支持别人，有耐性，好脾气，不自夸，是个大好人。

和平型的人常常埋没自己，为了顺应别人而调整自己，接受传统的角色与期望，不作反应，不好说话，不热心。被动，得过且过，为了缓和对立而掩盖矛盾；宿命，听天由命，不能也不想做什么来改变现实。

在不健康的状态下，太压抑、无实效，怠慢疏忽，不愿面对问题，顽固、远离冲突，最后终至无法起作用，无法适应环境，没有个性，僵直。他们可能变成多重人格。

关键动机：想与人保持和谐，保持事物现状，避开冲突和紧张，忽视会让自己不快的事物，不惜代价要维护自己的平静。

和平型的人内心景观就好像在风和日丽的天气，人们骑着脚踏车郊游一般，享受那种愉快的感觉。他们享受的是整幅景象，而非某一特殊的部分。更重要的是他们需要过程、参与感。和平型的人的内心世界是不费力的统一，他们对自我的感受来自与他人的和平相处。很自然地，他们喜欢尽量与环境保持这种同一性。

和平型的人对生命的感受力使他们感到深深的满足，似乎没什么理由要怀疑生命或改变它。他们心理上如此的感受，我们实在不应责备他们对生命的开放及乐观。但生命中除了甜美的一面以外，还要必须面对处理困难，如果拒绝面对这一点，就该受到责备。这种人的通病可比喻为：眼见轮胎已磨平，却还拒绝修复它。他们宁可忽视问题，他们也不愿被打搅。

和平型的人拒绝处理问题并不会使问题消失不见。尤有甚者，他们要追求和平，势必使他人遭到损失，最后连他们自己与现实之间的连结也丧失了，虽然他们对世界一片善意，但当他们顺势滑行，遇到不愿意处理的问题，他们仍可能对他人造成相当的伤害。

和平型的人是几种类型关系组合中的基本性格形态，是最不正视自己该与世界呈何种关联的一种性格形态。他们不将自己当做独立个体，而是借着认同他人来与世界发生关联。结果，除非能保持健康，否则就难以发展出独立个体的自我意识。

由于这种人的自我意识来自臣服他人或隶属于某一理想化的团体，因而他们从未完全地发挥其独立个体的功能。他们喜欢与人合作，因为那种与人统合的感觉可以维持情绪的稳定。他们与人的关系有两重问题：第一，由于认同别人，他们的自我意识很差，无法以独立个体的身份活在世上；第二，由于只认同他人，所以无法发挥他们的潜力。这种人最主要的动机只是保持内心的平静。

只有最优秀的和平型的人知道自己是异于他人的个体，可以随自己的需求自由选择。相反地，一般情况下的和平型的人对人生持被动的态度，没想过如果自己不以个体身份独立发展，则不可能对他人有所贡献，甚至无法关爱他人。但他们不在意这些。因为对这种人而言，个人成长、个体性及自主之类的观念皆不在他们的价值观之列；而埋没自己、平和以及调整自己，才是他们的价值所在。

和平型的人就像力量型和完美型的人一样，都有压抑心灵某部分的问题。这三种类型人格过于扩张了心灵某些部分，以至于其他部分发育不全。和平型的人在人际关系上的问题在于，他们太压抑自己来感受他人，结果其自我被压抑得几乎无法发展独立个体的功能。他们活着只是顺应他人，活得迷迷糊糊的。由于这种压抑，对自我、他人及世界的了解都渐趋平缓模糊，这样就再也没什么事会惊扰到他们了。他们变得自由闲散而祥和，但却脱离了真实的世界。

想保持平静其实没什么不对，一般状况及不健康状况的和平型追求者的问题在于，他们太逃避奋斗与冲突了。他们不明白，有些时候坚持己见是必要的，他们以为坚持己见就等于攻击他人，以为坚持己见就会破坏与别人的和谐。结果是完全压抑自己的攻击冲动，以为自己根本没有攻击冲动。然而，自以为没有攻击性，并不表示这种感觉不存在，也不代表这种冲动就不会影响行为。

这种和平型的人以忽视攻击性存在的方式来解决上述缺失。当他们偶尔不慎表现攻击行为时就干脆否认自己曾有攻击行为出现。所以，一般状况及不健康状况下的和平型的人所追求的祥和，

就某种程度而言，只不过是他们自己的错觉而已，是一种粉饰太平、有意的自我欺骗。他们不明白，为了维护内心的平和感已使他们与真实的自我脱节，同时也与现实远离了。

具有反讽色彩的是，他们这种被动、否认的态度，以及不关心他人，日益与环境疏远的表现，其实都是攻击性的负向表现，也就是“被动攻击”，是一种攻击性地保留自己，远离现实。所以和平型的追求者一味否认及压抑的攻击性，很可能对自己与他人都造成残酷的伤害。

不管和平型的人承不承认，他们总是独立的个体。若忽视自我，不发展潜能的话，必须付出相当的代价：他们将无法找到所希望的统一性，反而由于活在不比理想的人际关系好多少的半清醒状态中，而失去统一性。

这种和平型的人正好比容格所谓的“内向感觉型”的人。容格曾描述过一种类似我们所称一般状态下的和平型的人，这种人不以真实的自我来与他人维持和谐、统一的关系，而以自以为是的自我来与人相处。

社会的现实把过去曾有的且只有青年人才有的愿望、浪漫、畅想贬为愚不可及的笑料，似乎这些幻想一钱不值。但是现实里许多看似值钱的东西，也仅只是值钱而已，也许不幸者也就毁在这只是值钱的东西里了。

一个人失去了个性，他也就失去了灵性，失去了对大自然的感受，再成功也不会有感动自我的满足和令人欣慕的命运。

要想让自己今生有幸，一定不要丢了个性。细心想想就会发现，一个让你魂牵梦萦的念头，肯定与你的个性，与你的成长背景，与你的优势有着千丝万缕的联系，这很可能就是你健康成长的最好契机。

这是一个充斥着个性的时代，这是一个峥嵘着个性的社会，许多个性相差甚远的人都在适应自己的路上找到了自己最好的归宿。

事实上，个性的审美领域本来就是很开放的，每个人的个性里都自有一种健美存在，不要只盯住自己的个性弱点，去苛求所谓的完美。其实，只要不带偏见地深入的审视自己，总会找到自己个性中的优势。只要给自己的个性打开一片天地，就总会看到自己的个性将变得更丰富、更有魅力。

## 四种性格的相互作用

让我们来回顾一下：

活泼型人的人生意义是什么？是欢乐、情趣。

力量型人的人生意义是什么？是工作、前进。

完美型人的人生意义是什么？是贡献、牺牲。

和平型人的人生意义是什么？是轻松、随和。

这四种性格的人各方面的情况都不一样。现在你至少可以感觉到你的某些性格占多少比率，或者是你周围的朋友明显地感觉到你是属于什么性格。

乐天开朗的活泼型和深沉、擅于分析的完美型，这两种性格的人，生活目标和行为都截然不同，但他们有一点是相同的，即他们都感情丰富，易受环境影响。活泼型的人凭感觉生活，其生活变幻无常，起伏不定：一个典型的活泼型的人在半天时间里可

能会动情地哭6次，任何事情不是好就是坏——没有中间过渡。

完美型的人认识不到他们也是感情丰富的人，他们都是情绪化地受环境影响：活泼型的人的情绪在一分钟里起落，完美型的人的情绪在一个月里起落。

每个人都认为别人感情用事。完美型的人能够证明活泼型的人神经过敏，活泼型的人也认为只因为一点小事而情绪低落的人难以想象。现在他们开始了解他们的感情模式，他们会发现双方有许多共同点。他们都情绪化，但步伐不一致。当他们能够把问题公开的时候，紧张的气氛已经舒缓了。完美型的人能帮助活泼型的人减轻日常的不悦情绪；而活泼型的人只要计划周全、理智，就可以避免完美型的人的不愉快。

活泼型和完美型的人都情绪化、受环境影响，两者的情绪变化都不复杂。力量型的人很直率、主动，目标只有一个：按我的意思做——现在就去！

和平型的人平易近人、性情随和、面面俱到，他只希望上述三种人和平共处，避免争论和冲突。

当别人犯错时，力量型的人性情暴躁，但事后一切如常。他认为一切都过去了，性情又平和起来。和平型的人在解决不了问题时会一时陷入情绪的低谷。即使他已经决意走出低谷，你也察觉不到。和平型的人为自己的稳定性而自豪：我从不让别人察觉我在想什么。根据活泼型的人的情绪的起伏，你便能知道他们在想什么。

看看完美型的人有没有把乌云带进房间，你便可知道他们的情绪了。

力量型的人总是情绪高涨，脾气暴躁。

和平型的人总是一种状态：平稳、低调。

正如乐天的活泼型的人被深沉的完美型的人所吸引一样，反过来内向的完美型的人同样被外向的活泼型的人吸引。力量型的领导者喜欢和平型的下属，因为和平型的人不善决定的性格，很需要别人为他作决定。

活泼型与完美型的人可以互相补充，当力量型与和平型的人开始互相了解和彼此接纳其性格时，两者亦可以互相补充。当我们继续研究力量型与和平型的人的性格时，你便会明白我的意思。

## 四种性格的亲子关系

我们来看一下父母和子女的关系。性格的养成40%是基因造成的，你生下来就具备这种性格。江山易改，本性难移，但难移并没说不可以移。另外的60%是由于幼儿时期的生活和成长环境，宗教信仰及家庭所造成的。父母对子女的性格养成起了非常重要的作用。

**1. 活泼型的父母与子女**

最可爱的孩子是活泼型的孩子，他们打出生时起就个性鲜明。一生下来眼睛大大的，左顾右盼，从小就喜欢张嘴说话。他们总是天真单纯、浪漫无邪，天生具有强烈的好奇心和开朗的性格。他们善于就地取材，拿起什么东西都可以玩得热火朝天，而且喜欢喃喃自语。这种活泼型的孩子喜欢跟爸爸一起玩。在同伴中，活泼型的孩子总是有一群小崇拜者跟他们形影相随，他总是因一种无形的魅力而具有一种号召力；而且活泼型的孩子总是拉拉队

的队长、晚会的主持人等，他们抛头露面，风光无限。

活泼型的父母是最受欢迎的父母，他们性情温和，总是给家庭带来欢乐，而且这些父母讲笑话有一个特点，他们特别喜欢把邻居家的孩子都召到一起来听。这种活泼型的父母是最受孩子喜欢的人，小朋友总会说“你爸爸真好”。

活泼型的孩子，父母可以帮助他们从小培养做事有条理性，培养他们的记忆力。活泼型的人虽然记不住许多事情，但是有一些事情，譬如说生活的一些花絮他们就记得很清楚。

活泼型的父母也存在一些问题，他们需要注意培养孩子的条理性，而且要注意不要经常给孩子承诺。活泼型的父母总是不经意给孩子承诺，但是说过就忘。如果你的孩子是完美型的人就会很伤心。如果是完美型的父母就不一样，他们非常信守承诺，他们是一种非常认真的父母，对自己、对别人的要求都非常严格。

**2. 完美型的父母与子女**

最深沉的孩子是完美型的，他们的性格特点从小就可以看出：他们喜欢自己思考问题，显得非常文静，很随和，喜欢独处，好像随时在冥思，拿着一个玩具摆弄半天，把它拆掉，又把它装上，可以一个人在家里玩上两三个小时，而且很少笑，不爱说话。

完美型的孩子练习钢琴可以坐上一两个小时，非常认真地继续练下去。如果是活泼型的孩子，弹上一会儿就没兴趣了，一溜烟跑了。

完美型的人作为父母是最严格的，要求随时都井井有条，经常帮助孩子收拾东西，希望一切做到最完美。我记得我母亲就是这样，从小我的衣服就都认认真真地放在一个固定的地方，东西都整整齐齐地放好。我想提醒完美型的父母，不要把你们的性格倾向强加于孩子，可以帮助孩子建立自己良性的性格。

**3. 力量型的父母与子女**

如果孩子是一个和平型的孩子，他们非常平和，从小给他们强压，让他们考第一名第二名，这是很困难的；而力量型的孩子就不一样了，他们从小就喜欢工作，喜欢考试学习。

最倔强的孩子是力量型的孩子，这种孩子是最难管教的。我所接触的孩子中有一个典型——我的外甥女，现在不到两岁，我打心眼里佩服她，千真万确。她才两岁，摔倒之后会立刻爬起来，从不怕疼，也不会哭。她最大的绝活是玩水。她特别痴迷于我们家的热水器。如果不给她玩，她就倒在地板上以示抗议。如果假装没有看见她，她会大叫妈妈，大声抗议，一定要玩水。

她爸爸打她，她也不哭。看电视时，一看到“小燕子”谁换台她就急，非得换过来不行。我从小也是典型的力量型的人，小时候从不承认犯错误，爸爸妈妈打我时会问：“错了没有？”力量型的我从来不道歉，咬着牙。爸爸再打，再问：“错了没有？”我妈着急得要哭：“快说，错了没有？”我还是不说话，这样我爸会再打，可是我妈却说：“别打了，别打了，他知道错了。”力量型的孩子打死了也不道歉。力量型的孩子是不受人管教的孩子。让力量型的孩子去做什么事，比如拿东西他们很不情愿，拿过东西以后他们会发脾气。力量型的人从小就是领导者，就有一种控制欲，像我家的外甥女就有一种控制欲，不听她的就不行。一旦失去控制，她就会心里不舒服，这就是典型的力量型的孩子。

如果遇到力量型的孩子一定要小心，和平型的母亲最容易跟力量型的孩子相处。力量型的父母跟力量型的孩子会天天闹矛盾，而且会闹得不可开交。有一个老师曾讲过这样一个故事：一个力

量型的孩子跟一个完美型的母亲要出去玩，完美型的母亲决定给孩子买一双自认为特别漂亮的鞋，并且一定要这个力量型的孩子穿上。但是力量型的孩子觉得这鞋特别难看，因为父母的眼光跟孩子的眼光不一样。现在的孩子要穿名牌，父母买的时候觉得很漂亮，但是孩子不一定喜欢。母亲说必须穿上，否则就不带孩子出去。力量型的孩子就是不穿，打死也不穿。力量型的父亲说："绝对不让你出去，我们出去玩了。"力量型孩子失去控制了，他做了一回聪明的孩子，"好，我穿上，有一个条件，我穿上，但是回家就得把它扔掉。"如果你发现你的孩子是力量型的话，夫妻俩有一个和平型的，教育起来还轻松一点，但是如果夫妻俩都是活泼型的或者是力量型的，那就很麻烦了。

**4. 和平型的父母与子女**

最乖的孩子很显然是和平型的孩子，特别可爱。和平型的孩子他们从来不给父母添麻烦，而更多的是欢乐。他们习惯在婴儿车里面跟玩具一起高兴地玩。读书的时候也能自得其乐。对任何事都能够轻易地适应，在任何人身边都能轻易地适应。如果别人要抱他，他会很随和，你会觉得他特别听话。

比如说打麻将，父母在打麻将的时候，孩子在旁边调皮捣蛋，这种孩子肯定是活泼型或者是力量型的。但是和平型的孩子一定非常乖，他不调皮，他会靠着你问："妈妈我们回家吗？"你说："再等一会儿。"他会说："好吧。"这种孩子特别招人喜欢，他们会很快地适应环境，根据情况跟别人交流。

和平型的父母是最好的父母，这种父母为了孩子愿意花时间，从来不急躁，不容易生气，只要孩子快乐就很满足。他们对孩子没有非常严格的要求。如果说这次孩子考试考了 59 分没有及格，力量型父母一定非常生气。但是和平型的父母不会非常严格苛求孩子怎么样，他们总是在鼓励孩子：没事，这次考得不好，下次再好好努力吧。

看孩子参加运动会，他们不会要求孩子拿名次，他们特别高兴孩子的参与。这种父母特别善良，孩子们也特别喜欢他们。他们总是为孩子担心，这种父母是最好的父母。

父母对我们一生当中的性格影响是非常重要的，各位做父母的先生女士们，我们今天可以反省一下我们自己的性格和孩子的性格，至少会初步判断孩子是什么样的性格，你可以想一想我们怎么样与这些性格的孩子相处，他们的优点、弱点分别是什么？如何有效地帮助孩子健康成长？

# 第四章

# 性格策略

# 性格互补

卡利斯丁有过一句话我非常欣赏：“在诸多的成功因素当中，性格是最重要的。”他说的这个性格并不是说我们天生的性格，而是说情商跟智商的区别。80%的人，他们都认为一个人成功需要智商很高，但是一个人的成功往往决定于他的情商。你们会发现，很多人的文凭并不是很高，也不是非常智慧，但是他的为人处事特别地到位，特别能够把握机会，经常能够遇到一些别人遇不到的机遇，这看起来很偶然，但是所有的偶然都是必然产生的。

我们之所以要进行性格分析，就是要帮助大家了解自己。换句话说，了解别人是聪明，了解自己是智慧，智慧与聪明有非常大的区别。大家了解了四种主导性格以后，你们自己也应该对自己的性格非常清楚。性格没有好坏之分，这个世界缺少任何一种性格都不行。相信大家都不会再怀疑了。

试想，如果全世界的人都是力量型的人，那会怎么样？无一秒安宁。

如果这个世界全是活泼型的人会怎么样？那大家都天天寻欢作乐，无所事事。

全是和平型的人呢？也不好，没有丝毫前进的动力。

全是完美型的人呢？

不管你是一个生意的经营者，还是一个传播者……你的团队可能只有一个人，但是以后会有更多优秀的人。很多的领导者也会有很多的优秀的业务代表，一定要思考这么一个问题，在你的团队当中，他们的性格组成是怎样的？如果团队当中力量型的人过多，你会发现经常会有磨擦。我有两位老师是非常好的姐妹，她们都是力量型的人，两人经常吵架，但她们互相理解对方，吵完之后又和好了，这也是很不容易建立起来的一种情感基础。

如果你很脆弱，性格会导致你的沟通障碍，导致很多矛盾的发生。本来是一个很优秀的人，只因为你不懂他的性格，他恐怕也会对你失望，也会对自己失望，所以要特别小心。（对完美型的人，更应如此，因为他们的情感脆弱。）活泼型的人，他们朝气蓬勃，魅力十足，很有影响力，能够带动很多的人，从而影响你的生意。

拓展海外市场需要什么样的人呢？需要活泼型和力量型的人，这样的人去开创新的事业很容易成功。力量型的人目标坚定，不打下来誓不罢休，加上活泼型的人的魅力和影响力，很容易凝聚人气。而完美型的人则非常悲观，尤其是到一个新环境时会这样。有一个小故事非常形象地说明了这个问题，说的是某一个鞋业集团派两个业务员去调查非洲的市场，两个业务员同时各发回一封电报，两封电报只差一个字，却反映了两种不同的心态。一封电报是：这里没人穿鞋。另一封电报是：这里还没人穿鞋。“没人穿鞋”恐怕是完美型的人，“还没人穿鞋”一般来说是力量型的人。

## 性格优势

四种性格类型都有各自非常鲜明的优势。

活泼型的人作为真正的优秀的领导者可能不会总揽大局，但

却会分派工作，有效地管理、有效地授权。这里需要考虑一个性格互补的问题，我们通常说做事业没有女人做不起来，没有男人做不大，没有年轻人做不快，没有老年人做不稳。这也反映出了一种互补性。当力量型的人正在发火的时候，要适当地找和平型的人帮他去恢复冷静。和平型的人总是八面玲珑，他们总在矛盾当中充当调节的角色。

在工作能力方面，活泼型的人总是寻找新事物，富有创造力。当一个新公司要开业的时候，什么样的人最合适呢？活泼型的人。活泼型的人最喜欢新鲜空气，他们非常具有创造力和想象力的，他们会帮助宣传，所以，当你自己想创新时，最好是安排活泼型的人去做。我们举办一个会议或搞一台节目，谁做司仪谁做主持人比较好呢？每个人都可以做，但是如果以性格特征为出发点，那么活泼型的人比较适合，因为他们会把气氛搞得很好。

活泼型的人非常主动，非常自告奋勇，但也有一个非常明显的不足，往往是承诺一些超过自己能力范围的事情。所以和活泼型的人在一起时一定要小心他的即兴承诺。如果是一个完美型的人，你可以相信他，他是完全可以做得到的，因为他不会轻易承诺。

活泼型的人做事是闪电般地开始，然后又闪电般地结束。但是他们有一个很大的特点值得我们其他人去学习：他们懂得把工作变成乐趣，他们干起活来很开心，边唱歌边扫地，不像完美型的人那么悲观。有一句话说得很好："只要你喜欢的事情就会做得很好。"

活泼型的人感染力非常强，具有号召力和独树一帜的领导风格，非常富有魅力，善于吸引和启发别人，激励别人热情地工作。

他们也会有很多的主意，吸引其他人做出很好的结果，他们是发动者，但是特别需要人去完成这件事情。活泼型的人有一个最大的特点，他们会提出很好的创意，千方百计不顾一切地避免工作，他们用自己的魅力让别人工作。这并不是说这个特点有什么不好。如果你真是一个聪明的活泼型的人，就会激发别人行动。

活泼型的人由于拥有较多的活力与热情，产生了非常多出色的主持人、优秀的演员、行销高手、演说家、社团领袖……

我们再来看看完美型的人的性格优势。完美型的人比较内向，是思考者，比较悲观。完美型的人工作严肃认真，目标长远。如果值得做就一定要做到最好，这是完美型的人的座右铭。所以他们一旦对一些事情认可了，就会不惜一切代价地去做。他们喜欢做一些有长远目标的事，不会一时冲动寻找刺激，而是为人生做长远打算，他们做事情不是图快，而是图好。

完美型的人会全面地看问题，活泼型的人只看到眼前的项目。完美型的人是要把事情办妥，而活泼型的人是要把事情办得有趣。活泼型的人情绪很高涨，忽略经营成本；完美型的人则强调做事的先后顺序，预先计划有条不紊，他们分析问题，注意细节、可行性、经济效益。他们善用资料，常用一些科学的方法来管理自己，如用图标、数字、图示等。

有一句话说，完美型的人总是看数据，而活泼型的人总是看人。做生意也是这样。但是跟完美型的人讲条件，他们一般不会一口答应，要给他们资料回去看，给他们相当多的资料，满足他们“如果值得做”的需求。

完美型的人善始善终，极具天赋，天资聪慧。他们是这个世界上的巨人。比如说我们熟悉的米开朗基罗，他不但是一位非常优秀的雕塑家，还是很有名的诗人、建筑师，是典型的完美型的

性格。他曾经在罗马的梵蒂冈教堂天花板创作了举世闻名的创世纪壁画。其中的九个场景，是他花了三四年的时间，躺在离地面70英尺的工作台上完成的。创作《大卫》的时期，他为了研究人体结构，到停尸房亲自解剖，研究肌肉、筋骨。

完美型的人中产生了很多的思想家、艺术家、工程师、策划师、科学家。

力量型的人，他们目标明确，行动迅速。他们认为完成目标比取悦他人更有趣。活泼型的人当然相反了，觉得让别人高兴比做成事还要高兴。所以说，活泼型的人在说，完美型的人在想，力量型的人在做。我们需要学习力量型人的一个最大的特点，即常常在别人失败的地方获取成功。这并不是因为他比别人做得多好。你熟悉的城市有一个餐厅挂一个招牌说转让，突然有人接手还是开了餐厅，而且开得红红火火，那个人一般是力量型的人。问题不在于他比别人聪明，而是他能坚持到底。

力量型的人不需要环境好，他们会改变环境。活泼型的人就不行，认为环境好了他做事情就得心应手，环境不好就没有意思。力量型的人是靠自己把环境改变的，开发市场没有力量型的人是没有办法做到的，除非环境很好让活泼型的人去才可能。

力量型的人是天才的领导者、管理者，综观全局，善于管理，他们是最有工作能力的人，是解决问题、处理危机的高手。如果讲课中玻璃碎了，活泼型的人会大叫大嚷，完美型的人则思考怎么碎的，而力量型的人往往不一样，他会说：“大家不要影响老师讲课，等一会儿讲课结束，每一个人交一块钱，AA制，把玻璃赔了！”力量型的人有着在这种紧要关头处理问题的能力，在危难时跟着力量型的人绝对没有错。所以说消防队的队长一定要是力量型的人，换成其他性格的人可就有些麻烦了。

注重实际，我行我素，这也是力量型的人很明显的一个特点。他们从来就是我行我素的，顺我者昌，逆我者亡。力量型的老板只在乎实际，如果你帮他做了很大的业务，他会主动找你。按他的话现在就去做，不要考虑那么多，他说了算。他天生有领导者的才能，经常觉得自我感觉很好，他对员工非常好，经济、利益上会考虑很多。但是对员工很严格。

还有一个值得其他人学习的地方是力量型的人越挫越勇，永不言败。很多人在做事情的时候，如果别人都反对他们就放弃了。如果是一个力量型的人，即使大家都反对他，他也会逆向而行，非得坚持到底不可。

相对而言，一旦遇到什么挫折，活泼型的人首先会表示感谢，说太好了，终于可以放弃了，这件工作早就不新鲜有趣了；完美型的人会后悔花时间去计划；和平型的人对这件事情本来就不感兴趣，早就不想干了；力量型的人却不一样，一定要做到底。困难和挫折对力量型的人来说是最好的前进和成功的方法，困难和挫折只能刺激他们的胃口。为什么很多优秀的运动员都是力量型的人？他们的竞争力特别强。所以职业运动员都喜欢来自对手的挑战，越挑战，他们反而越战越勇。

我曾经做了一个简单的示范，在讲课的时候请一位力量型的人（测试题中选择25个C以上）和一位和平型的人（25个P以上）上台来进行简短的自我介绍，当然前提是他们的测试要比较准确。

具体的办法是：当力量型的人进行自我介绍时，台下的人有组织地进行哄笑；而当和平型的人进行自我介绍时，大家非常善意地鼓掌进行鼓励。这时候，我们将会看到非常有趣的结果：力

量型的人原本是越挫越勇，他们是天生的领导者，从来不会低头；但在大家的哄笑下却仍然难以为继，通常进行不下去。而和平型的人刚上台时可能会左顾左盼，正同他们的性格特征一般，非常平和，非常害羞，非常善良。可是在不断的掌声鼓励下，却会越来越勇敢，甚至越讲越兴奋。从性格角度来说，我们鼓励他，他哪怕是一个再害羞，或者是再平和的一种性格，他也会愿意站在这儿很沉着稳定地阐述他的观点。这说明了性格是可以改变和重塑的；同时也有另外一个启发，即一流的演讲来源于一流的听众。

## 物极必反

每个人都有好坏两方面——我们既有优点，也有惹人反感的缺点；就是同一种性格，也有优劣之分。要视程度而定，即所谓物极必反，因为缺点就是优点的过分延伸。

活泼型的人最大的优点是，无论在小卖部里还是在非洲刚果，他都能带来愉快的交谈，这是令其他人羡慕的；但如果超过了限度——活泼型的人就会总是不停地说，并且常常信口开河。

完美型的人充满分析的思考是其天生的优点，他们常常会得到头脑简单者的敬重；但如果超过了限度，便容易钻牛角尖并表现得情绪低落。

力量型的人雷厉风行的领导才能在现代生活中需求广泛，但超过了限度，通常会表现得独断专行，喜欢操纵一切。

和平型的人随和的个性使他们在任何群体中都受欢迎，但超过了限度，会给人做什么事都漫不经心、毫无主见的印象。

当我们用以上这些个性来审视自己时，我们应该注意到自己个性的哪些方面能得到别人的良好反应，从而提高自己的个人形象；另一方面，我们也要留意，哪些方面做得超过限度，冒犯了别人，并下决心尽力加以改正。

还记得那些我们所熟知的莎士比亚笔下的伟大英雄吗？哈姆雷特、麦克白、李尔王，还有亨利大帝，他们都是声名显赫的伟人，但他们都有导致失败的“致命缺点”。

我们每个人的血管里都流着英雄的血液，发现自己的潜能，并加以明智地应用，是件多么激动人心的事情！但就像这些昔日的英雄一样，我们每个人都有“致命缺点”。若对其置之不理，就会导致失败。让我们每个人都实事求是地审视自己，找出自己的缺点，现在还为时不晚。

## 让活泼型（S）的人统筹起来

活泼型的人比其他气质类型的人更愿意去改变，因为他们喜欢新主意、新事物，还因为他们喜欢受人欢迎而没有侵略性。但有几个主要问题，阻碍了活泼型的人的进步。

**1. 活泼型的人没有行动力**

首先，他们可能有一个好的意图，但他们很少去立即实行任何计划。当我向一个活泼型的人解释他应如何去改正他的缺点时，我说：“你何时将此付诸行动？”通常这类人会说：“我今天没空，明天我又要到城里去——周末我们还有朋友来访。”他们就是这样失去机会的。

其次，他们既然有亲切可人的性格，他们就认为自己的个性不可能有任何缺点。他们从不认为自己会犯大的错误，他们从不严格地检视自己。

**2. 活泼型的人说得太多**

因为活泼型的人对数字毫无概念，对他们说“谈话减少22%”简直是浪费时间。但他们对“减半”的概念还是明白的。对活泼型人的好建议就是：说话减半。控制说话的一个简单方法就是删除你还想要讲的另一个故事。你也许会为听众错过了好的故事而感到可惜，但他们不会知道他们没听到的东西，所以不说也没有坏处。让听众欣赏你所说的，总比让他们因你独占整个谈话而窒息要好，无论你所要说的有多动听。

另外三种性格的人无须被告知什么是“沉闷的信号”，但活泼型的人，察觉不到他们是使人厌烦的，所以他们需要明确地提示：当别人逃离你的吸引力时，即对你的故事失去了兴趣；当你的听众踮起脚尖，在人群中东张西望，尝试与他人有目光接触时，这说明他们已分心了；当他们如厕后一去不返，你就应提醒自己了。这些信号并不难注意到，如果你知道有这种可能性的话。

**3. 活泼型的人以自我为中心**

活泼型的人最不关注他人，因为他们只看到自己。他们对自己的故事津津乐道，但却没有留意到他人注意力的变化。他们可能大谈大家毫无兴趣的东西，而很少注意其他人的需要，因为他们与生俱来有一种逃避问题及避开不利处境的倾向。活泼型的人不是好的辅导员，因为他们只说不听，而他们往往只会给出那些简单快捷却又未必适用的答案。

活泼型的人不去聆听并不是因为他们有什么先天性的问题，

而是因为他们只关心自己。听是很优雅的行动，活泼型的人却没有足够的耐心去强迫自己对别人感兴趣。他们认为生活就像剧院，他们站在舞台上，而别人只是观众。虽然活泼型的人最大的长处是将表演的角色发挥得淋漓尽致，但绝大部分人，当他们发觉别人都注视着自己时，就会变得自高自大，以自我为中心。

**4. 活泼型的人不注意记忆**

活泼型的人记不住别人名字的原因正如我前面所述：他们不听，也不关心别人。这两个问题都源于他们以自我为中心的个性和对别人的漠视。与他们相处也许有趣，但几分钟后，当他们不能记起对方是谁的时候，人们便觉察到他对别人的不关心。

戴尔·卡耐基说："世上最美的声音是一个人的名字。"他在《人性的弱点》一书中举出许多例子，说明许多人成功的关键在于他们如何集中记忆去记住他人的名字。

活泼型的人并不比其他性格的人智商低，他们能记得住那些他们觉得重要的名字。力量型的人知道叫人名字有多重要，完美型的人对细节感觉敏锐，和平型的人喜欢看和听。但活泼型的人在这方面明显不足，他们不认为有什么事是极端重要的，他们不注重细节，他们宁说不听。

当活泼型的人对精彩情节的记忆超出事实时，他们对名字、日期及地点的记忆却几乎不存在。这种记忆的分配是很容易理解的，因为我们认识到活泼型性格对人比对图表、对多彩的幻想、对冷酷的现实更有兴趣。完美型的人喜欢细节，记得住生活中最平凡的东西，所以如果我们从正面的角度去看，两者永远是最佳拍档：完美型的人将事情办妥，活泼型的人将事情变得更有趣。

**5. 活泼型的人是变化无常和容易忘记的朋友**

活泼型的人令生活丰富多彩，拥有许多朋友，但他们常常不是“好朋友”，高兴时和你一起玩，当你一旦碰到麻烦或需要帮助时，他们就消失得无影无踪。

活泼型的人拥有的往往是志趣相投的人，而非真朋友。他们召集那些欣赏他们、喜爱他们、崇拜他们的人，他们喜欢那些愿意付出的人；而当有人需要帮助时，他们就会转过脸去，他们因为忙于一些刺激而又多余的事，根本就无暇顾及任何麻烦。

**6. 活泼型的人无条理、不成熟**

虽然活泼型的人常被称为“最可能成功的人”，但他们通常并不会成功。他们有主意、有个性、有创造力，但他们几乎都不能在某一时间将这些东西组织起来。如果幸运地得到一时的成功，优越感会冲昏他们的头脑。但若需要好几年的计划及工作，他们就会放弃并走向其他方向。许多活泼型的人往往在几年间跳槽，甚至转行。他们说，一旦觉得这个王国里的皇冠难以摘取，他们就会另谋高就。

活泼型的人的故事通常很可笑。这说明了活泼型的人往往雷声大，雨点小，不能发挥自己的潜能。他们从不想今天就切实开始工作，因为今天肯定有别的事发生。他们只想享乐，而不想工作。

莎士比亚非常了解人的性格，所以在谈到活泼型的人时，他指出他们的最大缺点是永远不想长大。他们希望像超人一样，飞到永恒岛（Never—NeverLand）上去生活，不用面对残酷的现实。

若一方或双方拒绝长大，则生意或婚姻都永远不会成功。成熟不在于年龄，而在于我们有勇气面对义务与责任，并想方设法实现他们的愿望。

## 让完美型（M）的人快乐起来

完美型的人是各种极端的混合体。他们同时具有最高和最低两个极端。他们喜欢研究个性，因为可为他们提供自省的工具；同时他们又抗拒这样做，因为他们担心这些理论太简单，太容易明白，不值得研究。他们拒绝被放在盒子里，贴上标签，因为他们觉得自己不像其他性格的人。他们是独一无二的、复杂的，甚至自己都不了解自己，所以当然不能被统归到某一类去。

有件事是真正的完美型的人永远相信的，就是世界上没有人和他相似。他永远能证明自己是对的，而世界是错的。如果人人都能像他，他会很快乐。

**1. 完美型的人容易抑郁**

一旦完美型的人认识到自己感情用事，他们就会开始改善自己，就如活泼型的人要强迫自己有条理一样，他们也得强迫自己快乐起来。

完美型的人与活泼型的人及力量型的人最难相处，因为后两者想什么说什么，不会顾及后果。而完美型的人对每句话都预先想好，并认为别人也会这样，所以他们相信每一句随意的话都暗藏深意。

当完美型的人了解了性格的差异后，就会如释重负。他们会认识到，也许这是他们第一次认识到，活泼型的人、力量型的人不是冲着他们来的。他们没花太多时间去猜度你，去谋算你。当你学着以他们的性格（而不是你自己的）来评价别人时，你对别

人就会有新的印象。你会向每个路过的人微笑，并再不会自寻烦恼。

当一个人的精神总是集中在消极方面时，就会渐渐变得沮丧及忧郁。完美型的人应将注意力放在积极方面上，一旦发觉自己在注意消极方面时，就必须将这种想法赶出脑海去。

**2. 完美型的人自惭形秽**

由于天生消极的倾向，完美型的人对自己的评价十分苛刻。在社交场合他们往往感到不安。他们通常喜欢与活泼型的人作伴，因为后者能代他们与人交谈。

**3. 完美型的人拖拖拉拉**

完美型的人本身是完美主义者，他们常常避免开始做某些计划，因为他们惧怕失败。

若完美型的人不把那么多时间花在计划上，就不会迫使我们毫无准备地行事，事后又要花功夫去补救。

完美型的人标准高，他们做每件事都要做到最好，但若将这些标准强加给别人，这就是性格的缺陷。

研究性格对完美型的人来说有很大价值。他们开始了解到为何别人的行为及反应和他们不一样后，就能开始从积极的角度处理与家人和朋友的关系。

许多完美型的人总觉得自己有问题，因为他们看起来不像其他人那么轻松和愉快。人们告诉他们要快乐一点、轻松一点，他们却背道而驰。太多的完美型的人告诉我，当他们知道自己不是精神问题，而只是四种性格类型中的一种时，真使他们如释重负。

# 让力量型（C）的人缓和下来

正如和平型的人认为他们的缺点很微小，完美型的人认为他们对现实是没希望的一样，力量型的人不相信他们有什么地方令人讨厌，因为他们总认为自己是对的，所以自然地认为他们不可能有错。

**1. 力量型的人好胜心强**

从幼年时期开始，力量型的人在任何情况下都好胜，想尽办法不丢脸。

这正是力量型的人存在问题并不予改进的原因。他们总是能够对“不是我的缺点，错在他人”做出合理的解释。一旦力量型的人意识到他的缺点时，就会很快改进，因为他是目标主导型的，并要向自己证明：只要他下定决心，就能征服一切。

力量型的人是出色的工作者，他比任何性格的人都能干；但在另一方面，他不会自我放松和减压。他勇往直前，不懂自制，认为生命就是为了不断地取得成功和成果。

所有房屋的建造都是为了被修缮的。

所有的膳食都可以制作得更好。

所有的抽屉都可以更整洁。

所有的工作都能完成得更快捷。

力量型的人的性格促使我们前进、前进、再前进。只要有些东西是你能够做的，便不要坐下来，而要站起来工作！

力量型的人必须认识到他们易患心脏病，他们必须学会休息。

力量型的人从不懒惰，但必须认识到，他不必要整日不停地工作。

力量型的人工作能力当然要算是他的财富和责任。从商人的眼光看，追求进步和成功使力量型的人成为成功路上的王者。不论男女，力量型的人很少为目标而长时间地苦干。他们比其他性格的人更容易迅速地取得胜利。活泼型的人要力量型的人督促他们把工作完成，完美型的人要力量型的人强迫他们分析现实的处境，旁观多于动手的和平型的人需要设立目标，而这对于力量型的人却是与生俱来的。这些成功的驱动力都预先包装在力量型的人的身上，而其他性格的人在他们梦寐以求的目标前，这些驱动力已枯萎了。

力量型的人的目标单一，他不允许任何东西挡着他的道路，正是这种驱动力使他们成功使其他性格的人望尘莫及，不过这种驱动力他人也可拥有。

力量型的人必须认识到，他们成功的迫切感对他们周围的人产生了可怕的压力，使这些人意识到如果他们不分秒必争，他们将成为二等公民。力量型的人一定要避免成为工作狂，众人才愿意和他们在一起而不会因为紧张而逃避。

力量型的人必须学会适应社会环境，当他们不在主控地位时要休息放松。他们必须让别人有发挥决策和组织活动的机会。他们必须参加他们没有参与计划的活动，与不是他们自己选择的领导合作。

**2. 力量型的人一意孤行**

力量型的人的重大缺点是他们太固执地认为自己总是对的，不用他们的方法看待事物的人都是错误的。他们总是懂得用最快最好的方法去完成工作，并指使你去做，若你不响应，就是你的错。他们永远高高在上，俯视他们所称为的“傀儡生活”。这种优越感会在心理上对他人造成伤害。

当力量型的人了解了各种性格后，他会改变他们的领导方式，使之适合每个不同的人。当他们不了解其他人的性格时，他们会按自己的原则去团结其他的力量型的人而将其余的“傻瓜”踢在一边。

力量型的人有惊人的方法能指使他人去工作而不理会他们是否反对。活泼型的人具有魅力而力量型的人具有控制力。活泼型和力量型的混合体有魔力一般的控制方法，使被支配者认为应该这样做。

由于力量型的人比其他性格的人能更快地完成任务，因此他们难以理解为什么别人不能与他们同步。他们认为沉默的人是愚蠢的，不好胜的人是弱者。从他们自身优点和自信的角度看，他们判定别人低人一等。

从对各种性格的研究中，力量型的人所能得到最有价值的东西是，认识到他们完成任务达到目标的能力，经常是个人关系中的一大障碍。没有人喜欢独断专行的、无耐心的、使他人感到不可靠的人。要是力量型的人可以放松自己，使自己休息片刻，并去思考自己是否侵犯了他人，他们就会迅速改善自己的行为，而真正成为一个自己梦想中的优秀领导者。

劝告力量型的人是很困难的，因为他们总能证明为什么他们是对的。由于他们是完美的，所以如果是错的事情，他们不会去做。力量型的人就是不会错。他们不会心服口服地承认他们有可能会错。经常因这种不可辩驳的意见，使得人们无法接近力量型的人。

力量型的人作为领导者有巨大潜力去创造一番事业，他能从研究各种性格中获得收益。他应发扬做事迅速、决定果断的优点，根除自负、无耐心的缺点。

不过，力量型性格正是他们自己最大的敌人。他们将自己的优点纹在右臂上，而将缺点归咎于他人。拒绝看到自己任何的缺点，使他们的能力不能进一步提高。

莎士比亚笔下的许多英雄人物，都是悲剧性地毁灭在自己的缺点上。力量型人的悲剧性缺点，就是他们不能看到自己有任何缺点。正确和受欢迎两者，他们更注重前者。当他们一旦站稳立场时，便不再具有任何弹性。

## 让和平型（P）的人振奋起来

每一种性格都各有优劣。和平型的人比较低调，所以也有其低调的弱点。力量型的人的优点一眼即可看出，而他们的缺点也显而易见。和平型的人的优缺点是深藏不露的，他们不能想象自己是好胜的，因为自己是那么的文静和友善。在讨论会中我感到难以与和平型的人沟通，因为他们通常都感到困倦。

和平型的人的最大优点是他们没有明显的缺点。和平型的没有脾气，不会让自己情绪低落或招惹麻烦。他们只是缺乏热情，不愿意显露自己的优点，且无主见。他们的缺陷无伤大雅。

力量型的女子会被和平型的男子所吸引，因为他外表冷静，有一定程度的吸引力。力量型的男子会选择和平型的女子，因为她温柔、单纯，在这个残酷的世界中她需要保护。

**1. 和平型的人得过且过**

得过且过是和平型的人与完美型的人的通病，虽然他们会为此找到不同的理由。完美型的人要直到他们找到合适的工具，认为能完美地完成工作时，才开始动手工作。和平型的人推迟工作是因为他们根本就不愿去做，他们的观点是：得过且过。

和平型的人的沉默使他们避免了许多麻烦，但是隐藏自己的感情和不进行沟通，又使他们中断了与他人许多美好的关系。

**2. 和平型的人没有主见**

和平型的人的最大缺点是没有主见。力量型的人提着壶开水，急切地问："你要咖啡还是茶？"回答是："随便。"和平型的人认为他的回答是令人满意的，他们怎么也搞不清为什么力量型的人会把热水浇到他的头上。

和平型的人不是没有能力决定，只是他们已决定不做任何决定。那么，既然不做决定，就不需对任何结果负责。

和平型的人应训练得有主见，要愿意承担责任。当和平型的人直起腰杆有主见时，他们的朋友、同事和伴侣都会感到欣喜的。

# 第五章

## 性格原则

# 如何同活泼型的人相处

活泼型的人总是想使事物不断更新，在充满乐趣的气氛下，他们会有最佳的表现。让他们干有规律、枯燥的工作则不能尽其所能。活泼型的女人需要大量衣服、金钱、舞会和朋友，而不甘于平淡。活泼型的男人对新工作充满热情，在新鲜感消退前，他们会干得很出色。如果你要一个有规律、有安全感和稳重的丈夫，就最好别考虑活泼型的人。如果你需要刺激、丰富多彩的时光，活泼型的人就是最佳人选。

活泼型的人常会太过投入，因为他们热衷于所有新事物，样样都愿意参加（甚至主持）。他们同时也感到难以拒绝别人。活泼型的人是善意的，但在不胜负荷时，他们会逃避。要帮他们弄清有多少时间可供支配及选取一些他们能处理的事。活泼型的人的伴侣倾向于等待，缺少全面的细致化的沟通。活泼型的人需要社交活动却又不懂如何拒绝人。请为他们受人邀请而高兴，并称赞他们非凡的领导力吧。要帮助他们放弃一些可以成为焦点人物的出风头机会，但不要将他们所有的社交活动都取消掉。

即使竭尽所能，活泼型的人也很难一下子将事情全部弄清楚。

由于对活泼型的人来说要完成一件事相当困难，所以他们需要经常得到赞许以坚持下去。那些不需要这类支持的性格的人不会明白表扬是活泼型的人的精神食粮，没有了表扬他们就不能生存。

与其他类型的人相比，活泼型的人最易被他们周围的环境所操纵。他们的情绪随其境遇而起落。当你认识到他们的情绪变化得多快时，你就不会对他们的哭笑过分紧张了。

活泼型的人是多么喜欢收到礼物啊！无论这礼物怎样，只要你送来他们就会兴奋。

由于活泼型的人永远都天真无邪，像个小孩子，所以他们总在寻找新玩具去使日子过得开心些。

或许与活泼型的人和睦相处的最重要一点就是要懂得他们是善意的。曾有许多完美型的人对我说过，明白活泼型的人并非存心捉弄，这对他们有很大帮助。活泼型的人是多么希望受欢迎，所以他们只想使别人快乐而绝没有给人添麻烦的意思。当你接受了这个事实时，你会与活泼型的人减少很多的冲突。

请欣赏他们的欢乐吧！

## 如何同完美型的人相处

了解性格的最大好处是你知道别人所作出反应的原因后而产生的安慰感。对说话不经细想的活泼型和力量型的人来说，懂得完美型的人非常敏感和容易受伤害是很重要的。

正是这种敏感的性格给了完美型的人丰富、深沉和情绪化的特征，但如果走向极端的话，就会令他们容易受伤害。只要你遇到了一个完美型性格的人，就要注意你的措词和音量，以免由于你的话而令他沮丧。

如果发现气氛已经变得紧张，你就得诚恳地道歉，解释说你常常不加考虑地说话。

除非你理解完美型的人，否则你不会明白他天生就对生命感到悲观。这种性情确实是有积极意义的，因为他们可以预见到其他性格的人没有在意的问题，但若走向极端他们就永远不会有一分钟的快乐。

因为完美型的人对别人的爱缺乏安全感，所以他们总是对所受的赞扬带有疑惑。活泼型的人连取笑也当作赞许，而完美型的人却会将赞许当作取笑。他们对随意、振奋的话感到怀疑的另一个原因在于他们对每件事都细究，对每个人都怀疑，特别是快活的人。他们觉得赞扬的背后一定有隐秘的动机，然而他们又真的需要别人欣赏。这种矛盾使得别人难对完美的人说正面的话，同时又被他们所接受，知道这一点可以帮你作出诚恳、平实和亲切的称赞，而且不会为“那究竟是什么意思”这样的回答而不悦。

如果你是一个活泼型的人，你可能不知道完美型的人真的喜欢“死寂”的时光。他们喜欢仰望长空，吸一口新鲜空气，在月光下沉思。如果你能明白这一点，你就会得到完美型的人的感激。

对任何一个完美型的人来说，生活中最重要的部分就是他们的时间表。他们要知道自己将何因、何时去何地，没有计划的一天是混乱不堪的。一旦你接受这个事实，你就能通过有序地安排生活而与完美型的人融洽相处，不要试图将完美型的人拉进你随便的生活方式中。

让完美型的人陷入忧郁的最简单方法就是将屋子里的东西乱摆乱放，说不出各样东西的确切位置。即使你是个活泼型的人，也应尽量让物品放得整齐些，地上的东西要拾起而不能置之不理，将用过的物品放回原处。

# 如何同力量型的人相处

与力量型的人相处第一件要知道的事就是他们是天生的领导者，他们的天性促使他们去占据操纵者的地位。他们不是和平型的人，有一天他们会做一个接管世界的重大决定；他们不是完美型的人，他们制订计划并决心将它们变作有冲劲的行动；他们不是活泼型的人，他们想到了的事就会去做。他们天生就有指挥欲和领导欲。

一旦你了解到他们充满积极的性格特征，有时会走向极端的天性，当他们指挥你时，你就不会觉得惊奇和受辱了。

因为力量型的人表现得这样强而有力，那些要和他们相处的人必须以同样的力量回应。他们并非想强迫人按其方法行事，他们只是能很快看清是非，并认为你想知道答案。只要你了解他们的思维模式，你就可以坚定立场，他们会为你的做法而敬佩你。如果你任由力量型的人使唤，他们就会一直这样下去。

力量型的人操纵的天性使得对方难以申明对家务事和计划的看法。由于这些问题，力量型的人的丈夫或妻子必须双向的交流。“坚持”是一个强硬的词，但它是与力量型的人对话所必需的，因为他们会嘲笑你讨论问题的要求，而仅仅给你一个答案。

有时，我建议一个丈夫属于力量型的女士先听取对方的意见，在感谢他的意见后，要求三分钟的反驳时间。如果你说得清楚明白，坚决而友善，通常会引起他的注意。

由于力量型的人想说就说，不会考虑别人的感受，所以他们

不时会伤别人的心。如果我们认识到力量型的人本无此意，只不过说话直率了些，我们就能更容易接受他们的话而不会感到伤心了。

如果一个力量型的人来到我跟前说："我喜欢你的衣着，你每次穿上它时我都会喜欢。"我不会回家把衣服烧掉，她并非想伤害我，她只是把自己想到的一字不漏地说出来罢了。

如果你和力量型的人相处得还可以，就不要去自找麻烦或者做些会引来对抗的事。小孩子很早就从生活中学会不去惹怒力量型的父母。

由于力量型的人处事注重实际，他们不习惯对病弱的人表示同情，去爱那些丑陋的事物，或花时间去医院探望病人。如果要填补感情上的空虚，力量型的人倾向于找寻别的途径。他们不是吝啬或者残忍，他们只是对受伤的人没有同情心而已。力量型的人应建立一个目标以增强他们的同情心，而只要你不指望奇迹出现，你就可以和他相处得更好。

## 如何同和平型的人相处

对力量型的父母来说，要理解和平型的孩子是件极为困难的事。因为力量型的人如此自觉，将每件事都看作通向目标的步骤，以至他们难以接受自己孩子不自觉的行为。他们认为自己的思维方式是最聪明的，这会使和平型的人更加消沉下去，成为失败者。

和平型的人最悠闲、随和，但他们需要动力。他们需要父母或伴侣的鼓励，帮助他们建立目标。当我们了解和平型的人的性格后，我们会知道他们需要直接的推动力，而无论是对孩子、对配偶或对同事，我们都应该赞扬、鼓励和引导，而不应小看、批评和压抑他们。

和平型的人能够订立目标，但他们的天性使得他们不愿这样做——只要他们能避免预先考虑太多问题。当你学会了与和平型的人一起生活时，你会认识到只要你首先花时间帮他们订计划并解释其作用，那将会使他们完成更多的工作。

活泼型的人和力量型的人希望别人对自己说的话有热切的反应，而和平型的人却表现得不感兴趣，这往往令别人伤心。一旦我们了解到和平型的人天性不易兴奋，我们就会更容易接受他们不会为新主意而雀跃的做法。

和平型的人能够作决定，但他们常常选择最简单的路，就是让别人替他们选择做些什么和往哪里去做。为了避免引发冲突，他们宁愿不争论，在社会关系中，这种中间路线的做法并不让人讨厌——事实上这是受欢迎的。然而在生活中，和平型的人应该至少也做一部分决定才是对的。

对待孩子，不要接受他们不变的借口："我不在乎。"要迫使他们考虑一件事情的两方面，然后作出决定。要向他们解释清楚判断事物并作出决定的能力对他们以后的生活重要。

在夫妻关系上，必须迫使和平型的一方去参加家庭讨论并帮助解决问题。如果你是个强硬派，你必须放手去让和平型的一方打理一些事务。和平型的人不愿作决定的原因，往往是他们觉得别人无论如何都只会按自己的方式行事。为了培养对方的决断力，你必须将控制权交给他并正视这项结果。对力量型的人来说，做到这一点并不容易，因为他们很快就能看出错误之处并横加干涉。

在他几次出面“挽救局面”后，另一方就会放弃，退回来听从家中任何人的领导。

因为和平型的人沉默而安于现状，因而很容易成为别人推卸责任的目标。我常常看到这样的情况，力量型的人草率作决定，带来灾难性的后果，就把过错都推到愿意受气的和平型的人身上。检讨你在这方面的做法，看你是否把过错都推到别人身上。

尽管和平型的人可能会逆来顺受，这种做法却损害了他们的自尊，使他们对你敬而远之，并让他再也不敢担负起责任。

如果你今天将和平型的人当作废物箱，明天，你手上就会出现一个大包袱。

活泼型的人要避免接受太多的职责，因为他们对自己期望过高，而力量型的人则应尽量不要事必躬亲。和平型的人却相反，总是避免责任，即使他们有管理能力而且人际关系不错。由于他们有制造和平气氛的领导天才，所以应该鼓励他们去承担责任。虽然他们会因为别人对其不信任而放弃，但他们的确是出色的行政人员。他们也不想被抛弃在一边当“提袋子”的角色。

不要接受他们的第一声“NO”，而要向他们显示你对其领导能力的信心。要找一个人当主席、总统甚至国王的话，哪还有比找一个你容易相处的人——一个不会草率作决定，能有效调解纠纷的人——更好的选择呢？

请欣赏他们平和的气质吧！

你想与人和睦相处吗？善良的心比一切都有效。

# 第六章

## 成功策略

## 财务、时间、心灵的三重自由

在我们运用性格分析的方法去获得成功之前，首先要明白，成功对于我们而言究竟意味着什么？

表面上来看，成功取决于社会对一个人的评价。但成功的内涵远远不仅于此。风靡世界的神经语言成功学对成功的定义是：“以一种快乐的过程，达到你这一生想要达到的目标，不管你的目标是什么。”

当然，不同性格类型的人，对成功也有着迥异的感受。力量型的人注重事业上的成就，和平型的人注重家庭的幸福……不管人们的成功之梦有何差别，都可以归结为对“快乐的过程”的追求。在信息时代的背景下，也便意味着财务、时间、心灵的三重自由。

## 心灵的地图

变动与纷乱中的秩序，似乎就是性格类型的一种象征。

我们就像是在没人看守的小囚房中的人，没有别人限制我们的意志，而且我们听说，那把可以释放我们的钥匙，也锁在我们身体里面。如果我们能够找到这把钥匙，我们就能够打开牢门，重获自由。然而，我们并不知道这把钥匙到底藏在哪儿，即使我们知道，我们思想中的某个部分也会害怕去打开我们的牢笼。一旦出了牢笼，我们要前往何处？又要如何处置这新发现的自由？

每个人都力求在人生的无序中找到一种规律，来解释人生，解释自我。但更多的时候，我们处在一种矛盾之中，我们既否定着自我，又毫无办法去改变现状，我们做着自己的奴隶。

虽然每一种关于人类性格的分类都力图找出人生最本质的东西，但我们最终都是创造出规则，也创造出束缚。

人生就是这样一种迷离的东西，没有，也不可能有一种解释人类性格的奥秘的“万灵丹”。性格分析正是基于这样一种理念，我们试图在每一种性格类型的背后，探索出更深一层的东西。它不仅让我们了解自己是什么样子，更让我们了解造成今天这个样子的原始动因有哪些。性格分析没有将人类个性的差异归结于某种不可思议的力量，或某种客观的元素，但它却清晰地描绘了一张关于心灵的“地图”，突出了成功的“方向”。

## 洞察人类行为的能力

任何感情的维系皆需依赖双方投入高度的敏感性与洞察力，尤其在发生冲突或误解时。了解对方的需求、渴望、恐惧、自我表达的方式，乃至于他们害怕表白的东西，是维系感情且促进感情成长的最佳方法。而了解自我的需求、渴望、恐惧以及害怕表达的东西，则是保持心灵健康的不二法门。

拥有洞察人类行为的能力可算是一项极为宝贵的技能。“性格分析”的基本原理在国外已吸引许多商业或公司的注意力，欲以此寻得有较高能力的员工，从而取得最大利润。尽管“性格分析”本是心理学的探索工具，它却也同时拥有极实用的特点，因为它

所启发的领悟力足以为管理层省下许多时间与减少不必要的挫折感，对员工而言也有相同的效果。

“性格分析”可被用来选择适合某职位的员工，教导决策者如何有效地管理，提供客户服务，阐明企业形象（即企业的人格类型）或建立高效率的业务组织。如此一来，团队精神的建立、行销状况、组织沟通以及冲突的化解，将因“性格分析”运用于商业领域而变得更有成效。

然而，很自然地，一旦欲运用“性格分析”于自我认识、感情维系、心理治疗或商业活动中，则首先必须正确地提供可靠的协助。

性格分析可以帮助我们有层次地了解自己的性格，但是知道问题和改变问题并不是一回事。的确，有些人并不认为自己的负面行为是一个问题。缺乏正确的判断和洞察力，他们便不可能作任何改善。而即使我们已经开始了解自己，接下来要做的事还是很多。

书籍提供可贵的知识和建议，它可以给我们新的洞察力，鼓励我们。但知识本身并不足以改变我们，否则最有知识的人将变成世界上最好的人，而根据我们自己的经验知道，事实并非如此。知识应该成为美德，但事实却非如此。认识更多的自我，只是走向快乐和美好生活的一个工具，单单拥有知识本身并不会带来美德、快乐和充实。书籍无法为我们所面对的所有问题提供答案，或提供我们在追寻的过程中所需要坚持的勇气。这些东西我们必须在自己内心和外在世界中找寻。

我们是否会成长，全视我们对哪些地方需要改变是否有洞察力，以及是否有改变的动机。改变需要勇气，因为它不可避免地会带来焦虑。改变自己从来就不是一件容易的事，但是我们可以尽可能地寻求帮助。

## 改变的动机

要改变自己，必须先有动机：那就是内心真的希望改变。一般而言，除非绝对必要，大部分的人不喜欢在生活中有任何改变。我们大多能在快乐与不快乐、平静与焦虑、改变或维持现状中寻得可以忍受的平衡点。或多或少，我们的内心存在一种惰性、一种维持原状的倾向；但这种抗拒改变的惯性很可能让自己在发挥能力之前先破坏自己。从某个观点来看，惰性与抗拒的确保护着我们，使我们不至于浪费时间和精力不断去做改变。太多的改变毫无疑问是种浪费，因此某种程度的执着是不必要的。但问题在于我们常在需要改变时无动于衷，紧跟着旧习惯，而害怕看到不同、害怕某种关系的改变。改变意味着新事物的发生——亦即走向前所未知的领域——它会造成焦虑。还有，就是它有风险，改变的结果不一定是好的，努力可能招致相反的后果。若是缺乏明智和清楚的远景，知道何者当改、何者当退，我们反而会更糟。

更深一层来看，我们抑制改变的原因是害怕真正的自由，倘若我们真的把过去的坏习惯都改过来，我们又要选择成为怎样的人呢？

当我们受坏习惯束缚时，这种疑问几乎未曾产生，但奇怪的是，当我们变得越健康时，随之增加的自由不但开始成为继续成长的最大阻力，同时也是害怕继续成长的主要根源。随着内在整

合的脚步，我们会越来越自由，直到自己面对终极挑战：选择真正的自由，接受在我们自己的创造中的一个完整而合作的角色。

另一种可能是，某些人开始踏上成长之路，并意识成长中的自由会把他们带到何处——进入精神领域以及肩负更大的责任，使他们远远超越自己平常的状态——所以他们害怕。如果他们一次只改变一点点，而不全盘改变，他们可能会比较安心。对大部分的人而言，自由的威胁可能比不自由更高。

改变的动机有以下两种形式：正面的欲望（想要我们认为对自己“有好处”的东西），或是负面的恐惧（我们避免任何会引起忧虑的东西）。我们应该同时运用恐惧和欲望来协助自己改变。

每个人都渴求成功，但在追求成功的漫漫长路上，各人所处的位置却迥然不同。在起始站观望徘徊，还是已经在路上领略了无限风光？你是袋中空空，还是已经硕果累累？

有些人对于人生充满憧憬，有些人则只要平淡地生活就感到十分满足，之所以会有这么大的差别，最主要在于每个人成就动机的高低不同。

## 自我形象

你是一个怎样的人？你想要成为一个怎样的人？

自我形象往往会左右一个人的成功或失败。有关这种人的性格特质，拿破仑的性格与领导风格一度主宰了西方世界二十余年，他是个以自我为中心的专制者，也是个开明的君主。终其一生，他的观念与做法固然引人争论，但他自己却始终无悔地肯定自己。

在商场上、企业界，自我形象同样扮演了重要的角色。为了衡量每个人的自我形象，专家设计了一套测验，用一组形容词（包括正面与负面）来描述受试者的性格、习惯和态度。

测验结果显示，成功的人在人生中的各个阶段都比较能肯定自己。另外，自我形象与收入、年龄及达到成功的态度也有关系。

## 成功的循环

怎样通过性格分析去帮助我们成功呢?

大家看看成功的方法，这是一个循环。多少年来，无数人在这个循环中兜圈子，要么是平凡一生，要么是有失败的经历，要么是从平凡中走出来，但是都逃脱不了这个循环。

平凡的人，或者说没有多少追求的人，他们往往行动非常早。行动早了，他们正面的经验就会非常少，负面的因素和影响就会特别多，所以导致他们对所从事的事情的相信程度就非常低。当然，对自己的感觉，对周围人的感觉，对他们所从事的事物的感觉很差，他们的行动就会更少，正面的经验也就会更少，就更加不相信自己，不相信自己的事业，不相信自己周围的人，感觉就会更加差。这样一来，行动会越来越少，经验也会越来越少，更加不相信自己，感觉更加差……这就是一个恶性的循环。

我们怎么通过这个循环，通过引导我们的性格，使我们进入一个成功的循环呢？当一个人为实现自己的理想，而不断地付诸行动时，他自然会产生很好的经验，他当然愿意相信自己会从事这件事情，当然会有美好的感觉，那种对自己生命美好的感觉；

同时行动越来越多，经验越来越多，信心越来越足，感觉越来越好……将会进入一个正面的循环。

现在我们来考考大家，假设有四种性格的人，他们怎样通过性格的角度帮助自己的性格循环呢？什么样的人我们让他们从行动入手进入这个循环比较合适恰当一点呢？

不错，是力量型的人！力量型的人的生命意义是工作、拼搏，做出有价值的事情，这是他们的最爱。在我们的朋友从事生意的时候，当我们在帮助他们去做这个生意的时候，你就会说要多拼，一定会有收获，一定会有改变。当力量型的人这样去引导自己的时候，他会不断地去推广产品，他的经验会越来越多，经过多次的实践终于会有成果。

活泼型的人这时候加入就不行了，做着做着就没兴趣了，就觉得不好玩了。从经验入手的人通常是和平型的人。和平型的人最大的特点就是没有大目标，他们对自己没有明确的目标，就是想休息。所以你一定要把一些正面的经验告诉他，告诉他们只要按着你的经验和方法去做就可以成功，这个并不难。只要把正面的经验给他，他会去学习这个经验，并去实践。好了，他会发现：真的，我顺着这个经验去做，便能够成功，而且有很好的收获。他相信自己也能够成功，相信这个事情能够做成，所以感觉很好，就会付诸于行动，用别人教给他的方法去制约人，去做事。这样就积累了经验，他更加自信，感觉越来越好，行动越来越顺，如此循环而已。

完美型的人是最悲观的人，他考虑事情总是从消极方面去想，所以首先要他相信，否则他很难去行动。如果值得做，就要做到最好。这是完美型的座右铭，你要满足他“如果值得做”这个需求。

一般知道以后立刻去做的就是活泼型和力量型的人。如果要考虑考虑的这种人一般是完美型和和平型的人。和丈夫商量的一般是和平型的人。如果再研究一下资料，那是完美型的人。只要他开始做，相信自己可以成功的话，他的感觉自然会变好，只要感觉变好就会积极行动起来，只要他的方法正确就会有成果，行动会越来越积极。

最后一种是活泼型的人，活泼型的人是追求美好、情调、欢乐，热情高涨的人。我有活泼型的人性格，我当时去海外旅游拍了一张照片，我把它贴在我的床头。早上醒来还想睡，我最怕早上起床。怎么办呢？早上怎么起床呢？眼睛一睁开看见这个照片我就醒了，进入了感觉——远景思维、梦想。你要帮助活泼型的人或者你自己，给自己制定一个梦想感，你是真正想买哪一部车？或者说你真的想买这个城市里最好的房子吗？如果你真的想买，可能就不是一个那么简单的事，你真的想买就应该身临其境感受一下，要把这种感觉找到，要去想象。当活泼型的人找到自己想象的远景的时候，所谓的千难万苦都不成问题，他一旦有想象就会有行动，一旦有行动，就会有成效，不是说成功做不到，而是不懂怎么去成功，亦即不懂成功的方法。如果我们用专业的方法，让活泼型的人感受到成功的远景，这样又会形成一个良性的循环，进而成为一个很好的成功的循环。

所以说不同性格的人都可以成功，性格没有好坏之分，关键是我们怎么去运用性格，怎样让我们进入这个循环，怎样运用好的方法让大家都能够得到成长和成功。这就是性格分析带给我们的收获。

# 第七章

## 成功秘诀

# 积极思维、良好心态

人人都希望获得成功，并且都在探索成功的秘密。其实，成功的秘诀正如老海鸥说的那样简单，凡认为自己低能的人，不论其素质如何都将变成名副其实的低能的人。一个人想成为什么样，就会成为什么样，这是因为人的思想意识制约着人们的行动。

约翰霍普金斯大学的库尔特·理克特博士，曾用两只老鼠做了一个实验：先把一只老鼠紧紧攥在手里，老鼠用尽力气也逃不出去。这只老鼠挣扎一段时间之后，不再抵抗，几乎一动也不动了。这时把它放到一盆水里，它立刻沉了底，根本没有试图游水逃生。再把第二只老鼠不经过手攥直接放到水里，它很快就游到了安全的地方。

这项实验的结论是：头一只老鼠已经知道要改变处境是没有希望的，不管使出多大气力也无济于事，所以它无论采取什么行动都要落空。而第二只老鼠没有经过那样的处理，不知道挣扎与尝试是无效的，不知道它所处的环境是绝望的，所以，当它面临必须立刻作出反应的危机时，能够采取行动自救。

美国人丹尼斯·威特勒在对那些成功的人包括奥林匹克的运动员、商业界总经理、太空人、政府领导人等进行了多年调查研究之后，也得出结论说："成功的关键是态度。"他说："在他们和其他人之间有着一条明显的界线，我称其为成功的边缘。这个边缘并非特殊环境或具有高智商的人的结果，也不是优等教育或超人天赋的产物，更不是靠时来运转。成功者的关键，我已发现了——是态度。"

确实，态度可能是决定你取得成功能力大小的最重要因素之一。自己犯嘀咕，觉得自己能力不大，成功没有希望，就不但会失去开发自己能力的欲望，而且会抵消你的精力，降低应付环境的本领，从而失去成功的机会。

## 超越心理障碍

我们每一个人都有能力发展自己，取得更大成功，不幸的是人们在开发自己潜能取得成功的过程中，常会遇到一种自身的心理障碍，这就是所谓的“约拿情结”。约拿是圣经中的人物，上帝给了他机会，他却退缩了。这是怀疑甚至害怕自己的智力所能达到的光辉水平，心理软弱到甘愿回避成功的典型。

回避成功的心理障碍，主要有意识障碍、意志障碍、情感障碍和个性障碍等。

所谓意识障碍，是指由于人脑歪曲或错误地反映了外在的现实世界，从而影响以至减弱人脑自身的辨认能力和反映能力，阻碍着人们对客观事物的正确认识，从而影响人们在事业上的成功，主要表现在：

“自卑型”心理障碍：因生理缺陷或心理缺陷即自认为智力水平低，或家庭、社会的条件不如人，而产生的一种缺乏自信、轻视自己。无能进行自我能力开发的悲观感受。

“闭锁型”心理障碍：不愿表现自己，把自我体验封闭在内心，而不愿向他人表现，因而缺乏自我开发的积极性。

“厌倦型”心理障碍：是一种厌恶一切自己不感兴趣的事情和无能为力的心理状态。存在厌倦心理的人，常常抱怨自己“怀才不遇”，



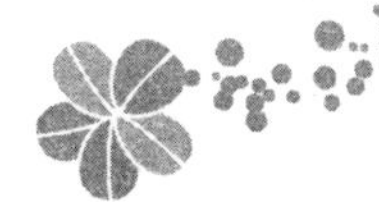

悔恨“明珠暗投”，而对自我开发失去兴趣的一种心理障碍。

“习惯型”心理障碍：习惯是由于重复或练习巩固下来的并变成需要的行为方式，习惯形成一种是自身养成；另一种是传统影响。认为不进行自我能力开发也照样过日子，满足于现状是前一种；而求稳怕乱则是后一种。

“志向模糊型”心理障碍：是指对将来做什么，成为何类人才的理想不明确，从而没有定向进取的内驱力，从而不能进行自我能力开发的一种心理障碍。

“价值观念异变型”心理障碍：是指对作用于人的客观事物的价值量进行了不正确的或者错误的心理评估，形成了一种畸形的价值意识，如把工作分为“三六九等”“高贵与低贱”，最突出的表现为贬低自己目前所从事的职业，因而不能结合工作开发自己能力的心理障碍。

所谓意志障碍，是指人们在自我能力开发中，确定方向、执行决定、实现目标的过程中起阻碍作用的各种非专注性、非持恒性、非自制性等不正常的意志心理状态。主要表现在：

“意志暗示性”心理障碍：是指在制定和执行目标时，易受外界社会风潮和他人意向的直接的或间接的影响，而产生的一种动摇不定的意志心理状态。表现为确定目标时的“朝秦暮楚”，执行决定时的“三天打渔两天晒网”。

“意志脆弱性”心理障碍：表现在没有勇气去征服实现目标道路上的困难，不是主动去征服困难，而是被动地改变或放弃自己长期争取过的既定目标。

所谓情感障碍，是指人们在能力的自我开发中，对客观事物所持态度方面的不正确的内心体验。主要表现为麻木情感，是指人们情感发生的界限超过常态的一种变态情感。所谓情感界限，就是指引起情感的客观外界事物的最小刺激量。麻木情感的产生主要是由于长期遇到各种困难，受到各种打击，自己又不能正确地对待和加以克服，以至于对客观外界事物的内心体验界限增高，形成一种内向封闭性的心理态势。它使人们丧失对外界交往的生活热情、对理想和事业的追求。

所谓性格障碍，是指人们在自我开放中常常出现的气质障碍和性格障碍，如抑郁质的人易表现孤僻乖戾、不善交际的弱点，黏液质的人，易表现优柔寡断、缺少魄力的弱点，以及多血质的人缺乏毅力，胆汁质的人办事武断、鲁莽等弱点。

除了意识障碍、意志障碍、情感障碍和性格障碍外，还有影响智力开发的几种心理障碍，包括感觉加工中的心理错觉（如受时间影响的心理错觉、受需求满足程度引起的心理错觉、情绪状态产生的心理错觉，以及颜色和视觉方面的偏见）、知觉中的错觉和偏见（如知觉中的异常性、知觉的暂留性、期望中的偏见、时间的局限性，以及依靠一些不正确的感知经验来支持或反对另一些经验的循环错觉）、思维定势的障碍（如思考问题时的“思维惯性”、科学研究中的“思维定势”等）。这些障碍主要属于认识上的主观片面性、表面性，以及思想僵化凝固等原因，与回避成功、害怕成功的心理障碍相比，是性质不同的心理障碍，但同样对人的事业成功有着巨大的影响，特别是当这些心理障碍互相影响时，会形成一种强大的负效应，导致一个人的事业失败。

很明显，有些人的成就不大，不在于智力不够，而在于没有克服自己心理上的弱点和谬见，只有不断地挑战自己，认真对待以上心理障碍，才能取得更大的成功。

# 做一个最好的你

墨子云："甘瓜苦蒂，天下事物无全美。"无论怎样完美的人，他的才干和知识都远远赶不上人类整体所拥有的才干和知识的总量。使自己出类拔萃的途径在于：用自己的长处为社会建树功绩，做一个最好的你！

做一个最好的你，这是如此新奇的念头，但却是人生追求卓越的诀窍，意思是人不能做世界之最，但却能做自己之最。

做一个最好的你和自己之最，就要充分利用大自然赋予你的一切，根据自己的条件唱歌，根据自己的条件绘画，运用生活交响乐中你自己的那件小乐器。意大利著名影星索菲亚·罗兰在《我谁也不摹仿》一文中指出："自我开始从影起，我就出于自然的本领，知道什么样的化妆、衣服和保健是最适合我的。我谁也不摹仿，我不会奴隶似地跟着时尚走。我只要求看上去就像我自己，非我莫属。我认为要做到这一点，不能依靠奇形怪状的或追求时尚的整容，而只需把自然赋予我的一系列不规则的组合——高鼻、大嘴、瘦颏、高颧略加修饰就可以了。

起初，我尝试着用浓妆，我变换眉毛的形状，每星期变换头发的颜色，从金黄到淡红到乌黑。这些都说明我对自己没有信心，我不知该怎样打扮，或者说我不真正了解自然给我的容貌。"成功优势的独特，只有开掘你自己独有的潜能，高扬你别具一格的个性，才能获得独特的创造成果，成为一个最好的你。化妆、发型、服装是这样，事业的选择更是这样。譬如你擅长于抽象思维，就不要悖逆自身的优势，而去步入文学艺术的殿堂。

## 生命是靠自己雕琢的宝石

世界著名的化学家、最高科学奖设立者诺贝尔说过："生命，那是自然赋予人类去雕琢的宝石。"自己的形象如何，是由自己的行为来雕琢的。伟大还是渺小，高尚还是卑劣，都全在你自己！

伟大的艺术家米开朗基罗，在意大利的一个石矿中工作时，看到一块巨大的短形石头，心里非常高兴。他抚摸着这块石头，仿佛从里面看到了摩西的精神，他开始雕刻这块石头，经过了许久，终于雕成一尊伟大的艺术作品——摩西雕像和十诫。

人是有目的的，这是人区别于其他任何动物的显著标志之一。人的劳动是有预期目的的，人在处理工作、学习、生活等人生问题时也是有目的的。追求人生目标和理想的实现，乃是人的特性。随着年龄的增长，自我意识的成熟，人开始选择自己的生活道路，确定人生的目标，也就是在为自己"人生的道路怎么走""朝着什么方向走""最终要达到什么目的"进行设计。这种自我设计，也就是对自己的未来进行规划、预测，自己为自己雕像。

但是，一个时期以来，有些人一看到"自我"就皱眉头，认为自我就是自私。他们奇怪地认为人们可以在劳动前对自己的劳动结果有一个大致的规划或蓝图，却不能对自己的人生进行预测或设计。

自我不是自私，自我也不是个人主义的同义语，具有鲜明的自我意识是人的特点。人生的过程，就是"自我"不断实现的过程，自我实现的要求产生于自我意识觉醒之后，经历了自我意识—设计自己—自我管理—自我实现这样一个过程。如果把设计自己

作为立志，那么自我管理便是工作，而自我实现就在自我管理的过程中和终极点上。

没有人生的目的，没有自我实现的欲求，就不能算一个完整意义上的人。人有了“自我”，才有自己与他人、个体与群体、主体与环境的分别；有自我，才能谈得上对自然和社会现象的反映，才会有真正属于人类的有意识、有目的并对他人产生影响的社会性行为，也才能使自己的潜能充分发挥，对社会做出自己应有的贡献。

虽然在取得成功的人中，存在着自己确定自己目标方向的“自定向”，他人给自己确定目标方向的“他定向”，以及没有一定目标方向的“无定向”三种类型，但仔细分析起来，不管是“他定向”，还是“无定向”，要想为社会作出贡献，都离不开人生的努力。人认识自己的才能有一个过程，有的人在年轻时就认识到自己的才能，也有的人是在通过很长的实践之后，才认识自己的才能的，还有的人是在他人发现之后才认识自己才能的，但“我要做什么的目的是什么”“我将怎样去达到自己的目的”，却是别人不能代替的一种主观活动。人毕竟是自己前程的设计师，成龙成虫全在自己。社会和他人就是根据一个人平生作为，对他的“自我”作出认定和评价。

人是自己的雕塑家。剪除人的自我意识，无异于消灭人本身；否认人有自我设计的权利，无异于否认人本身！

# 重要的是现在要向何处

《爱丽丝梦游仙境》中的爱丽丝问小猫咪道："请你告诉我，我应该走哪条路？"

"这在很大程度上要看你去什么地方？"猫咪说。

"去哪儿我都无所谓。"爱丽丝说。

"那么，你走哪条路都可以。"猫咪说。

"只要能达到某个地方就可以了。"爱丽丝补充说。

"啊，只要你一直走下去，你肯定会到达某个地方的。"猫咪说。

如果你不知道你想从生活中获得什么，你只能在人生道路上漫无目的地飘浮。无目标的生活，好像不常使用照相机的业余摄影爱好者，捕捉了几个大有希望的镜头后就匆忙冲洗，可结果往往使他沮丧，在十几张照片中，有的模糊不清，有的拍了半个头，有的皱眉蹙额，成功率不高。有明确生活目的的人就像优秀的摄影师，不但拍照前认真选择镜头，而且冲洗出来后还要仔细研究，经过剪接、曝光等一系列试验，从中选出几张最好的再作加工，终于成为获奖摄影作品。

在实际生活中，为什么有的人奋力拼搏成为命运的主人，而有的人却一生无所事事成为命运的俘虏，一个重要的原因就在于有无远大的目标。目标不但能向人们提供行动的方向与指南，而且对维护个人身心的稳定能发挥积极的作用。早期的登月太空人艾德琳在登月成功之后不久即发生精神崩溃。事后他在一本书上写道，导致他精神崩溃的原因是他忘了登月之后他仍然要生活下

去，换句话说，除了登月之外，他再没有其他可供追求的目标了，因此，一旦达到事业的终点，将因突然丧失了方向而好似生活在真空状态之下，以致造成精神崩溃。

在美国，许多调查统计表明，企业界的高层主管在经历多年奋斗并取得高度成就之后，多半在65岁正式退休，他们退休之后，大概只能活18个月便去世了。死因研究指出，这些高层主管与艾德琳有个共同处，即他们在一旦失去生活方向之后，产生了一种感到生命贬值的消沉情绪。相比之下，从事创造性劳动的艺术家则变化不大，因为他们有永无休止的追求，始终有远大的目标。目标不仅能驱散空虚，而且还能治疗多种慢性病。当你确立了目标并决心为实现目标而工作时，你的动力就会增强并扩大；当你接近目标的时候，你就会得到实现目标所必需的肉体上的能量和热量。因此，重要的问题不在于你原先在哪里、现在在哪里，而在于现在要向何处。也就是说，你的目标是什么？

设计自己，也就是选择目标。设计自己通常包括三个环节：一是自我目标和理想的确定；二是制定实践计划和中间目标；三是预测将来环境，注意不断对目标进行反馈调节。由于社会的飞速发展、环境的不断变化、人的“自我”本身的不断变化，主体为自我设定的目标，也会随着客观环境的变化和主体人生经验的逐渐丰富而不断调整。

“将相本无种，男儿当自强”，自我实现的基点在于设计自己。按自己设计的方向进行活动，认真地为目标付出努力，你定能为人类社会的进步作出自己的最大贡献。

# 要想到自己的翅膀

托尔斯泰对看望他的女婿说："我劝所有的人都要想到自己的翅膀，要向上高飞。""有时看来完全缺乏意志力、一事无成的小人物，可是一旦时机来到，他突然建树了伟大的功绩。这就是他的翅膀的作用、翅膀的力量。"

原来，托尔斯泰在一个冬天的早上，正因为家庭的不和睦而难过。他觉得自己处境困难，连出路也没有了，他突然望见窗外树上的一只乌鸦，飞到树枝上又开始走动，当它走到枝头面临危险时，便将翅膀一张，向天空飞去。于是托尔斯泰脑中马上闪现一个念头：我不是也应该像乌鸦那样去做吗？当生活不如意、处境很困难时，也应该向上飞。这时，恰逢女婿来探望他，见他全神贯注地注视着窗外，便问他在看什么？托尔斯泰谈了自己想法后又发出了上述感慨。

人不但在困难时、走头无路时要想到自己的翅膀，就是在平时或顺利时也要想到自己的翅膀。这个翅膀就是自己的想象力。

目标通过想象形成，想象催促欲望的发展。积极的想象是创造性思考，创造性的想象意味着目标。你看到光明的一面，借助想象延伸思维，继而抓住时机为自己的生活创造美好的基础。在商品经济繁荣的今天，选择机会颇多，如果你想活得有价值，就不能湮没你的想象力。重要的不在于你目前的形象如何，而在于此时此刻你是如何在创造性地改变你的形象。重要的不在于你现在怎么样，而是一天又一天你在向何方向发展。

在谈到想象力的重要性时，一些人可能知道三个瓦工的故事。

有人问三个瓦工："你们在于什么？"第一个瓦工说："我正在砌砖。"第二个瓦工说："我干一小时活，挣一元钱。"当问到第三个瓦工时，他仰望着上空，以富有幻想的表情凝视着远方，答道："你是在问我吗？我正在修建大教堂，建造一座在本地区产生巨大精神影响的、能够与世长存的教堂。"

想象力不是电力，也不是原子力——它是人的一种伟大能力。能在眼前清楚地描绘出想象的人，能一直奔向成功。三个瓦工的故事虽然没有告诉我们结局，但可以推论，前两个瓦工恐怕是以瓦工的生涯度过了一生，因为缺乏想象力的人，到头来也只能在原地踏步。而第三个瓦工则决不甘心当一辈子瓦工，他也许当上了领班，也许当上了建筑工程师，这是因为他富有想象力、胸怀抱负的缘故。

人生活在现实中，但假如一个人的欲望和现实完全吻合，那这个人活着也没有多大意思了：人的一生中，总有难以达到的境界，所以，不能没有想象。列宁说过："如果一个人完全没有这样幻想的能力，如果他不能间或跑到前面去，用自己的想象力来给刚刚开始在他手里形成的作品勾画出完美的图景——那我就真是不能设想，有什么刺激力量会驱使人们在艺术、科学和实际生活方面从事广泛而艰苦的工作，并把它坚持到底。幻想和想象，给政治家增添了彻底砸烂旧世界的勇气和力量，没有它，十月革命则是不可思议的；幻想和想象，给科学思维带来智慧的闪光，没有它，数学家决不会发明微积分；幻想和想象，赋予艺术作品以生活的活力，没有它，也就没有诗；幻想和想象是人类智力飞跃的天梯，是人类社会发展的前锋，是人类未来的设计师，是人类的责任心促使我们无时无刻不去拓展我们的想象力。"

幻想和想象力，是人类特有的把已有的资讯和新的资讯重新组合的才能，是“极宝贵的品质”。只有打开想象力的闸门，才会有力地展开幻想的翅膀，充满活力的思想浪潮才会不止歇地翻腾。人类的任何欲望，只有经过想象力的阶段，并且与信心、计划相结合，才能转变为现实。朋友，不能因为迫于生计和来去匆匆的生活节奏，抑制和阻碍了我们的想象，也不能以能力不强、脑子不好、身体健康不佳、受教育不足、年龄过大或年龄过轻为自己得不到成功辩解。要记住托尔斯泰的话，在设计自己时，要想到自己的翅膀，想到翅膀的作用，想到翅膀的力量。

## 跨越自我需要的“台阶”

什么因素决定了一个人对自己的设计？政治因素、社会因素、经济因素……统统纠结、交错在一起，共同参与了决定。每一次对自己的重大设计，无一例外都是上述诸因素“合力”的结果。设计自己的动因是什么？主要有需求动因、兴趣动因、爱好动因、责任感动因、压力动因、理想动因、机遇动因、情感动因等，人们设计自己，一般受一种动因的制约，但有时也会出现几种动因共同发生作用的情形。上述因素和动因归纳和综合起来，就是客观因素和主观因素，就主观因素而言，主要是需要因素或需求动因。

所谓需要，是个体在社会生活中缺乏某种东西在人脑中的反映，它是一种主观状态，也是客观需求的反映。形成需要必须具备两个条件：

一是个体感到缺乏什么东西，有不足之感；

二是个体期望得到什么东西，有求足之感。

需要就是这两种状态形成的一种心理现象。从需要出发，人类从事着各项社会活动，而且随着原有需求得到满足，新的需求又在不断产生。如此循环往复，以至无穷，这就是人类的历史。因此，可以说，需要是个体进行自我设计的主要的、最基本的因素和动因。

需要可以分为物质的需要和精神的需要，也可以分为生理的需要和社会的需要（社会需要被个人所接受，也就转化成为个人的需要）。美国心理学家马斯洛把人的需要分为五个等级，自下而上依次排列为：生理的需要，如食品、水、性欲；安全的需要，如保护自已免受冷热、机械、水、火等灾害；归属和爱的需要，包括被人爱戴、被人接受、友谊归属、爱情等；尊重的需要，包括自我尊重和社会尊重等；自我实现的需要，是一种强烈要求发挥自己潜力和创造力的需要。

其中生理、安全和爱的需要是属于人的本能的需要，是较低级的需要。尊重和自我实现的需要是属于社会性需要，是高级的需要。人对需要的满足就是在攀登这五个阶梯。马斯洛认为，人的基本需要一般地呈现出前面所列的那种顺序，也就是说人只有满足了吃饭、喝水的生理需要，才能产生确保安全的需要；有了安全感后，归属感和爱的需要才会出现。也就是按照“需要层级”逐步上升，最后达到发挥潜力和创造力的需要。

但是，马斯洛还提醒人们不要过于拘泥地理解诸需要的顺序。决不能以为只有当人们对食物的欲望得到了完全的满足，才会出现对安全的需要，或者只有充分满足了对安全的需要后，才会滋生出对爱的需要。也就是说，个人的需要结构不是陡直的间断的阶梯，每一低级的需要不一定要完全地满足后，下一高级的需要才出现。它具有波浪式前进的性质，可以跨越“需要层级”而踊跃上升。例如，张海迪是一个高位截瘫者，她胸部以下失去知觉，生活不能自理。她的许多生理需要得不到满足，也没有获得安全和尊重，但她却踊跃上了“需要层级”的最高阶——发掘潜力和创造力的自我实现的需要，自学了日语、英语、德语和世界语，创作并翻译了数十万字的小说和资料。

马斯洛的需要层次理论，也可以说是一种动机结构理论，而需要本身是一个动态的概念，无所谓绝对的满足，有时低级需要满足水平不高，仍可以有较高的动机水平。反之，有时高级需要满足条件良好，仍可以滞留在一个较低的动机水平上。因此，在自身设计时，要通过自身的主观努力，尽可能向较高的层级跨越。需要不同，动机就会千差万别。马克思在青年时代指出：“如果一个人只为自己劳动，他也许能够成为著名学者、大哲人、卓越的诗人，然而他永远不能成为完美无瑕的伟大人物。”

## 自我塑造

人的一生就是自我塑造的一生。有的人形象高大完美，有的人渺小鄙薄。同样是学识造诣颇高，有的人是学界泰斗、文坛巨匠，而有的人却“雕虫小技”，甚至碌碌无为；同样是德行高尚，有的人留下了万代的功德，有的人却只立下了一时的功德；同样具有强烈意志，有的人光照千古，有的人却遗臭万年。

奥秘在哪里？奥秘在于自我塑造是一项系统工程。

自我塑造这项系统工程都包括些什么呢？

首先是“系统”的规划。规划就是要制定长远的人生目标，使自己的人生趋于完美。规划不仅是事业目标的确定，而且是恋爱、婚姻、社会交往、文化娱乐、业余爱好以及个人生活原则的确定。不仅是智力素质的提高，而且是智力素质与道德素质、意志素质的平衡与协调。近代日本重要的启蒙家福田谕吉（1835—1901 年）在论及道德与智慧之间相互依赖、相得益彰的关系时，曾非常形象地比喻说，私德（属于内心活动，如笃实、纯洁、严肃等）如同铁材，智慧如同加工的设备、未经加工的铁材，只不过是坚硬沉重的铁块，如果稍微加工，做成锤子或铁锅，就具有了锤子、铁锅的功能。

如果以更精巧的技术进行加工，巨大的铁材可以制成蒸汽机，精细的铁材可以制造钟表的齿轮。如果以大锅和蒸汽机比较，谁能不认为蒸汽机的功能大而可贵呢？这并不是因为蒸汽机、大锅的铁材不同，而是加工的可贵、加工的程度不同而已。从产生动机到采取行动的这种心理过程就是意志。人们都知道在任何有目的的活动中，都需要具有意志品质。明朝的李贽在论述才学与胆略的关系时指出：“空有其才而无其胆，则有所怯而不敢；光有其胆而无其才，不过冥行妄作之人耳。”清代诗歌理论家叶燮曾强调过胆略在文学创作中的作用，他说：“大凡人无才则心思不出，无胆则笔墨畏缩。”三国时代的刘劭，在其所著的《人物志》“英雄”篇中，则把“英”和“雄”分为两个概念：“聪明秀出谓之英，胆力过大谓之雄。”如果一个只有“英”的素质而没有“雄”的胆略，则其聪明见识无从实现；如果只有胆略而没有聪明见识，则其“雄”只能是无谋之勇，也难以成事。如果身兼“英”和“雄”两种素质，那就是杰出人物了。

# 第八章

## 成功素质的钻石——智商

# 智力的独有特性

关于智力的含义，众说纷纭，目前尚在探索研究中。但总的来说可以这样理解：智力是人们在认识过程中所形成的比较稳定的、能确保认识活动有效进行和发展的人脑聪明智慧功能的心理特征的综合。它具体表现为注意力、记忆力、思维力、想象力、创造力等基本方面，是它们有机结合而成的。

智力是人脑功能的表现。生理学研究表明，人脑有四个功能区域：一是从客观外界现实接受感觉的感受区；二是将这些感觉进行收集整理的贮存区；三是对收进的信息进行评价的思维判断区；四是按新方式组合各种信息的想象区。人脑的这些功能表现在各种认识活动之中。正常的人不仅具备智力活动的条件，而且人的智力还有很大的发展潜力。

智力是由各种因素所组成的整体结构，思维是智力的核心因素，因此，智力除应当具备思维所有的特性以外，还有其他一些独有的特性。现分别阐述如下：

**1. 针对性**

针对性是智力能够针对既定目的而开展活动。智力活动必须围绕着一定的目的展开，以免“差之毫厘，谬之千里”。如在物理、数学中，通过定性分析，阐述性质概念，并不出现具体计算，就可以增强智力活动的针对性。智力活动的针对性，存在个体差异。有的人针对性强，善于抓住关键，目的明确；有的人缺乏针对性，抓不住关键，目的不明确。

2. 统一性

统一性是指智力的各种因素的相辅相成、协调一致。智力是由注意力、观察力、记忆力、想象力和思维力等五个基本因素构成的完整结构，因此，各因素之间的相互联系、协调活动是智力活动有效性的基本条件。在智力活动的统一性方面，也存在着个体差异。有的人智力具有高度的统一性，智力的各种因素都处于相当高的水平；有的人智力具有较低的统一性，智力的各种因素都处于较低的水平；有的人智力缺乏统一性，智力的各种因素不是处在统一的水平，而是有的高，有的低。

**3. 顺序性**

顺序性是指智力活动必须善于遵循一定的逻辑顺序，有系统、有步骤地进行。斯大林推崇列宁说话的逻辑力量，逻辑力量就是指智力的顺序性。智力顺序性强的人，说话有其内在的逻辑性，思维连贯，不会发生偏差、任意跳跃或自相矛盾。

**4. 严密性**

严密性是指智力活动能够严格、缜密地按照客观事实进行，从而得出合乎规律的科学理论：一千多年中被奉为金科玉律的亚里士多德的物理定律——“落体的速度同它的重量成正比”，被伽里略比萨斜塔上的实验否定了：大小不同两个铁球从斜塔上同时坠落、同时着地，证明了“落体的速度同它的重量无关”，从而推翻了亚里士多德的定律。这表明，在这一点上，亚里士多德除当时条件的局限外，智力活动的严密性也不够。马克思、恩格斯关于哲学、政治经济学和社会主义方面的科学论断，体现了他们智力活动的高度严密性。他们智力活动的每一步骤都经得起检验，从而得出了无可辩驳的科学结论。如果人们的智力活动缺乏

严密性，这就表现出他们智力活动的步骤经不起推敲和检验，将会出现不正确的结果。

**5. 创造性**

创造性是指在智力活动中善于发现和创新。创造性是智力特性的集中表现，富有创造性的人，善于发现问题，深入地思考问题，独立地解决问题，能打破传统的束缚，批判地对待一切，反对人云亦云，能大胆创新，有独到的见解。智力活动的创造性方面也存在着个体差异：有的人善于别出心裁，革新独创；有的人往往墨守成规，照例行事。例如，在学生的学习中，具有智力活动创造性的学习是积极主动的学习，是接受和发现相结合的创造性学习；没有创造性的学习就是消极被动的学习，是因袭的继承的学习。

## 记忆力——对过去经验的清晰反映

新版《辞海》中给“记忆”下的定义是：“对经验过的事物能够记住，并能在以后再现（或回忆），或在它重新呈现时能再认识的过程。它包括识记、保持、再现或再认三个方面：识记即识别和记住事物特点及其之间的联系，它的生理基础为大脑皮层形成了相应的暂时的神经联系；保持即暂时联系以痕迹的形式留存于脑中；再现或再认则为暂时联系的再活跃。通过识记和保持可积累知识经验，通过再现或再认识可恢复过去的知识经验。每个人记忆的快慢、准确、牢固和灵活程度，可能随其记忆的目的和任务、对记忆所采取的态度和方法而异；每个人记忆的内容则随其观点、兴趣、生活经验而转移，对同一事物的记忆，每个人所牢记的广度和深度也往往不同。

记忆，顾名思义，先有“记”，而后有“忆”。识记和保持就是“记”，再认识或再现就是“忆”。“记”是“忆”的前提，没有“记”绝不会有“忆”；“忆”是“记”的验证，“忆”不出来或不准确就是“记”得不好。所以，记忆是“记”与“忆”彼此紧密联系的完整的心理过程。

大体上，每个人都有自己特有的记忆类型，这些类型包括：视觉型、听觉型、运动型、混合型等。

**1. 视觉型**

这是借助视觉来记忆事物的类型。在同样的视觉记忆中，有的人对形状的印象深，有的人对颜色的印象深。

在让人看许多红的正方形和蓝的圆形时，有人借助红和蓝的颜色来记，有人则通过正方形和圆形这类形状来记，方式各不相同。

**2. 听觉型**

这个类型的人能很好地记住耳朵听到的内容。有些人的音乐感非常强，有很强的节奏感和旋律感，对于这些内容很容易记住。例如，常有这样的人，英语很不好，却能附和爵士音乐的节奏，很容易地记住英文歌词。当然，盲人具有非常发达的听觉记忆能力。

现代的年轻人，从小就喜欢音乐，因此这一类型的人在增多。

听觉记忆能力可以通过训练产生。例如，电话接线员能分清很多不同人的声音；工厂的机械工人借助锤子敲打机器的声音，能够判断机器有无故障。这些能力都不是天生的。

**3. 运动型**

这是通过动作来记忆事物的类型。这类人的手很灵巧，做过的各种体育动作或艺术技巧都能马上记住。

运动型的记忆特点在于：它是通过整个身体运动器官的活动来记忆的，一旦记住就很难忘掉。像游戏、滑雪、骑自行车等动作，一旦记住便终身难忘。

**4. 混合型**

混合型是指视觉型、听觉型、运动型这三种类型的混合体。但这一类型是不平衡的，大都偏向于某一种类型。即使是视觉性强的人，也不仅要用眼看，还要用嘴读，用耳听，用手写，以构成立体的印象。

为什么英语单词本身比它的意义容易忘记呢？原因之一就是在学习单词时，大都只使用一种感觉——视觉。如果能通过多种感觉来进行记忆，也许就记得更好。

## 思维力：透过现象看本质

思维是人的高级认识活动，通过思维人们可以认识知觉所不能直接反映的事物，透过现象看本质，掌握事物之间的规律性联系，并可以借助眼前事物了解其他事物，间接地预见和推知事物的发展。

思维是人们一种看不见、摸不着的大脑高级神经活动，它不像其他事物那样可以明显地表露出来，思维有时借助动作（双手捧头）、视觉凝神等几种表达方式可以表现出来，但大多数思维过程是其他所无法觉察的。

人的思维具有能动性，主要表现在三个方面：

**1. 主动推理联想**

从已知的知识和体验中推理、演绎出新的知识和形象。

**2. 构思假设**

思维一旦形成假设，就能正确指导人们的活动，减少盲目性，取得新的发明创造成果。

**3. 控制大脑**

思维虽然是大脑的产物，但思维在大脑中不是处于消极的、被动的地位，而是起着积极的、主动的控制作用。这一点在气功学中得到了充分的证明。练气功的人在运气过程中，通过潜意识的思维的暗示，意念集中，经过慢慢的调节呼吸，意念慢慢地集中于丹田。

根据研究表明，人在思维时，大脑会出现“神经细胞聚会”的奇妙现象。我们知道，大脑虽然有140亿个神经细胞，但它们之间的联系活动并不是杂乱无章的，而是有严密的组织和分工的。当大脑思考一个复杂的问题时，几个细胞和某个功能区是难以胜任的，要靠大脑皮层许多相关的细胞和功能区一起积极地活动起来，形成几千万、几亿个神经细胞聚集在一起“开会沟通”，交换信息。这时，大脑神经系统的所有“通信网络”全部开通，使信息传递畅通无阻，记忆细胞源源不断地提供各种信息，这就是大脑思维的“神经细胞聚会”现象。

思维能动性强调大脑的兴奋期，在大脑处于疲劳状态或是睡眠刚醒的不活跃时期，思维的能动性很差。因此，在思考重大、复杂的问题时要选择能激发思维能动性的时期，这样才会取得事

半功倍的效果。

思维具有如下几种形式：

（1）直观动作思维

直观动作思维是依靠实际动作完成的思维，又称操作思维。这种思维是客体处于直接的感知之中，思维的问题，由不断的操作尝试来获得解决办法。

在日常的工作和生活中，修理钟表、自行车、汽车等工作，都要大量的运用直观动作思维。

（2）词语逻辑思维

词语逻辑思维是利用抽象的概念、原理、规划等进行的思维，是思维的典型形式。

这一思维形式只有当心理发育十分成熟的时候才能较好掌握。

（3）创造性思维

创造性思维指的是创造过程中的一种思维活动。创造性思维是人类进步、科技发展的动力，重大变革、巨大进步都是创造性思维的杰作。

大多数专家认为，创造性思维是能产生前所未有的思维成果，具有崭新内容的思维。创造性思维是各种思维形式系统综合作用的结晶。它既有发散思维、聚合思维的成分，又有直觉思维和灵感思维的参与；既有逻辑思维形式，又有形象思维形式。创造性思维是人类思维活动的最高表现形式，是智商中最重要的组成部分，也是评价一个人智商的最高标准。

（4）发散思维

发散思维又称求异思维、辐射思维、扩散思维、开放思维等。

它是一种不依常规、寻求变异，从多方面推测、假设和构想中来探索答案的创造性思维。它具有更生动、更活泼、更富有独创性的特点。发散得越多，得出有价值答案的概率就越大。任何科学理论的创立和艺术作品的诞生无不建立在发散思维的基础上。没有大胆的猜测，就没有独特的发现。因此，一个人的创造能力与他的发散思维能力成正比。

（5）直觉思维

直觉思维是一种非逻辑性思维，是对客观事物进行总体观察、综合分析后，一次性接触客观事物的本质，是思维水平达到超常的特殊表现形式，是对客观事物的底蕴或所提问题的解决方法，是没有经过严密推理和系统论证而作出的迅速的“径直猜度”的认识活动。它是在知识经验相当丰富、逻辑推理相当熟练后的一种“精神感觉”的现象。

（6）聚合思维

聚合思维又称求同思维、辐合思维、集中思维等。它是依据已有信息，从已知条件和既定目标中，寻求一个正确答案的思维形式。

聚合思维是利用已有的知识经验或传统的方法，有方向、有范围地去思考和解决问题。

思维力既是智商的核心能力，又是较难培养的能力。儿童时期是所有智力发育的增长时期，像注意力、观察力、记忆力等都是训练培养的关键期。但是这些能力的培养相对于思维能力要简单些，可操作性强些。

思维力强的人易于培养成为理论科学人才。思维是智力的灵魂，思维时时刻刻为人类点起创造的火花。人类自从诞生之日起

便开始了创造的历程。几千年来，人类创造了天文学、物理学、化学、数学等一系列完整的知识体系，这一切无不是思维的结果。因此，思维能力对一切人才择业、成长都至关重要，对思想家、理论家、科学家的成才尤为重要。一般来说，思维力强的人具有如下特点：

①观察细微，准确；②思维范围比较广阔；③思维程度比较深刻；④善于独立思考；⑤思维速度敏捷、方式灵活；⑥思维逻辑性强。

如果具有上述特征，那么这个人肯定智力水平高，思维能力强。这样的人在一定的教育和造就下，极易于成为理论、科技人才。

## 想象力：对事物的形象思维、加工、改造与创新

想象是对事物进行形象思维，通过加工、改造，创造出新形象的过程。

想象由无意想象、有意想象、再造想象、创造想象构成。想象在人类生活中起着极其重要的作用。离开了想象，人们不可能有任何发明创造。科学理论的假说、设计的蓝图、作家的人物塑造、工艺技术革新等，都需要极其丰富的想象力。想象是创造的前导，想象力越丰富，创造力就越强。想象是最有价值的创造因素。

想象力是智能活动的重要组成部分，是人类获得知识和运用知识的重要条件。

根据想象有无目的性和自觉性，可以把想象分为无意想象和

有意想象。

**1. 无意想象**

无意想象是事先无明确目的、不自觉的想象。它常常由客观事物的某些外形特点引起，多发生于注意力不集中或半睡眠状态。它是想象中最简单和最初级的形式。例如，抬头看到天上的云或远处的山、石，想象它像某种动物，或无意中听到别人讲述某件事，因而联想起其他某种情境等。

**2. 有意想象**

有意想象是有预定目的任务、自觉的想象，它常常是由语言引起并在思维的影响下形成的。

## 创造力：产生某种独特、有价值的产品

作为人和动物的最根本的区别之一的创造力，在人类发展的历程中，起着非常重要的作用。所谓创造力，是指根据一定目的，运用一切已知信息，产生出某种新颖、独特、有社会或个人价值的产品的能力。这里的产品是指以某种形式存在的思维成果，它既可以是一种新概念、新设想、新理论，也可以是一项新技术、新工艺、新产品。很显然，这个定义是根据产品来判断创造力的。其判别标准为：即产品是否新颖，是否独特，是否有社会或个人价值。“新颖”主要指破旧立新、前所未有、不墨守成规，这是相对历史而言，是一种纵向比较；“独特”主要指不同凡俗、独出心裁，这是相对他人而言，是一种横向比较；有“社会价值”是指对人类、国家和社会的进步具有重要意义，如重大的发明、

创造和革新；“有个人价值”则指相对于个体发展有意义。

创造力是系统正向合力，其结构特点具有独特性、复杂性和有序性。研究创造力的结构对于深入了解创造力的本质，科学地开发人的创造力都是十分必要的。

创造力由一般创造力，知识、经验，特殊创造力，非智力因素四大要素构成，其要素又由图示的因素构成。这四大要素相互作用、相互影响决定了创造力的总水平。从这四个要素各自对创造力的普遍性指导意义而言，是属于不同的层次。一般创造力在一切创造活动领域都有作用，是代表创造者心理能力水平的最普遍的创造力。一般创造力水平较高的创造型人才可以在不只一个领域表现出创造力。知识、经验的作用在其普遍性上低于一般创造力，但它是一般创造力的基础。具体地说，知识是智力的基础，而创造力是智力的最高表现。当然，知识、经验对特殊创造力和非智力因素影响也不可低估。特殊创造力的普遍性低于前两者，例如一个画家的形象记忆力、色彩鉴别力、视觉想象力等特殊才能，只有在绘画创造方面有意义。非智力因素比较特殊，它只与创造的个别活动有关。拿动机来说，它在推动人主动地启动创造活动方面的作用是巨大的；兴趣只在维持创造力的热情和投入上有明显作用；意志常作用于创造遇到困难、曲折和坚持完成整个创造过程时。

对于不同年龄水平的个体来说，创造性思维的一个主要障碍在于：凡事求准，即必须得到正确答案。这种需要源于社会价值观——它强化了取决于学业成绩和获取来自权威的实际知识的这类成就。这种价值观的形成源于家长和学校教育。三四岁的孩子，虽然从未有过学校的经历，但他们进入幼儿园后就明显地表现出对含糊的不安和正确回答的需要。

一般说来，个体还未进入校门，这种保持正确的需求就已形成了。因而，各种年龄的孩子都难以按最初的意图作出反应，以鼓励创造性思维。当我们开始在正规课堂中结合运用改善创造力的结构方法时，教师不应因孩子的低创造性反应而泄气。有了来自教师方面的耐心、激励、热情和所提供的实践的机会，所有的学生都能学会更富于创造性的思维。这些特殊的技巧包括：创造适宜创造性活动的条件、采用发散式提问的模式、教会学生通过自我指导以提高创造力。下面介绍几种提高创造力的方法：

（1）为创造性行为提供大量机会：安排新颖的工作，提出要求创造性思维才能解决的问题，采用专门用以改善创造力的策略。

（2）重视独特的问题、想办法解决问题：创造性的学生会察觉教师所忽视的关系，教师应对他们的答案予以反应，而不是轻率地忽略。

（3）向学生证明他们的想法是有价值的：倾听、考虑、验证并实践学生的想法，鼓励学生相互交流看法。

（4）营造一种非评价的、安全的气氛：教师经常性的评价使得学生害怕冒险表达自己的想法，从而阻碍了创造性的发挥。

（5）避免同伴的品头论足（评论性评判）：让学生提出其他的可能性，而不是指出其缺点，鼓励创造性或富于建设性的同伴评价。

（6）提供感受环境的经验：让学生描述通过视、闻、触、摸、尝和嗅获得的感觉经验。

（7）避免提供限制思维的例子或模式：当目的在于鼓励独

创性时，如制作一件独特的、不落俗套的雕塑品，给定模型常会造成学生们难以打破的心理定势，他们可能认为模型是“正确”的作品。

（8）偶尔根据能力分组：与混合能力水平的小组相比，能力水平均一的小组表现出更少的混乱和更多的合作行为。

（9）允许时间和课程安排的灵活性：过分迷信在规定的时间内完成规定的课程内容，将会妨碍教师引导学生们自然而然的提高创造力的想法。

# 注意力

## [学习集中注意力的训练]

### 1. 视力引导法

仔细观察，不难发现，许多人在读书报时，总是口中念念有词，手指在字里行间移动；会计在阅读报表，累计一大串数字时，不仅口中念念有词，更重要的是他们还要用铅笔或圆珠笔沿着一长串数字的一边向下划动，以便引导视线移动。这样做，可以帮助他们随时知道读或算到了什么地方，同时还可以改善视线移动情况，使注意力更加集中。读书者的手指和会计手中的笔就是“视力引导工具”。用一定的视力引导工具来帮助自己集中注意的方法就叫作视力引导法。

最近的许多研究指出，使用视力引导工具能大大改善人的注意力集中的水平，促使眼睛进行一种平稳的有节奏的运动，帮助阅读者纠正在看书过程中反复、回跳和视线游离等分散注意力的坏习惯，从而不仅阅读速度提高一倍，而且还可以增强读者对所读内容的理解和记忆。

**2. 康德的精神集中法**

康德是德国伟大的哲学家，每当他坐在书房里沉浸在冥想之中时，必定要将目光穿过窗户向屋檐上方看，然后注视着风车尖端的一点，一边专心地注视，一边思考问题。用这种方法，康德写出了许多伟大的哲学著作。不过，这种方法的道理很简单，并不深奥。当注视某一点时，视野就变得狭小了。这样，从视野外闯进来的分散精神的东西就没有了，从而使意识的范围也变狭窄了，人的心境便会宁静，精神就会集中。

可以将此法运用在我们的学习中。比如，我们坐在书桌前学习时，选择一个点作为对象，比如选择自己的手指、闹钟的指针或桌上的墨水瓶、笔尖等，然后注视这个点，养成了习惯之后，它便能起到集中精神的作用。

这种方法不仅可以在家里用，也可以在工作中不能集中注意力时使用。比如可注视工作台上某个小点，养成习惯后，在工作时，只要看到这个小点，就能把注意力集中起来工作。

**3. 挑剔法**

如果你正在听一席你很感兴趣的谈话，你一定会倾身向前全神贯注；同样，如果你听到一种和你的看法针锋相对的言论，或者遇到存心与你争论的人，你一定会洗耳恭听。所以当你听到那些使你厌烦的声音时，你把精力集中于对所听到的信息作出评论，你就会凝神细听，注意力集中。

这个方法适用于施事者，比方家长或教师。当教师或家长发

现学生或孩子注意力不集中时，可以故意出一点小错，然后让他们找出来，这样能激发他们的兴趣，引发他们的注意。

## [即时注意力的训练]

**1. 数石子法**

找一些大小相近的石子，先放2块或3块在桌上，然后用盖子把石子盖上，不让对方看见，再告诉对方注意桌上有多少块石子，这时拿开盖子，然后立即盖上，让对方说出石子数目。刚开始，2块、3块，对方很容易看清，等到多了时，对方就不一定能看清有几块石子了，就需要高度注意了。这种方法能测出对方的注意范围，同时对他的视力敏感性也是很好的训练。

**2. 游戏法**

少数民族中狩猎的部落喜欢玩这种游戏：两个或几个人比赛，先对某种物体观察一段时间，然后把他们所看到的东西告诉裁判，每一个人都要尽量多地说出这些事物的细节。这种方法能训练猎手的注意范围和敏锐的观察力。对这些打猎的部落来说，训练出高度发达的注意力是关乎生死存亡的大事。

这种游戏很有趣，可以略微改变一下形式来玩。比如，走到一个商店前，自己先朝橱窗里看一眼，要尽力多记住所看到的东西，然后转开视线或闭上眼睛，默想所看到的东西，回忆完后，再把视线回到橱窗里，检查自己少说了哪些东西。

**3. 大脑抽屉法**

这种方法可以训练转移注意力的能力。方法是这样的：第一步，设计出三个问题。比如可以设计这样三个题目：太阳为什么总是东升西落？$26\times4-2=$？天空的“空”字是什么结构？第二步，对每道题思考一分钟，头一分钟只准想第一道题，第二个一分钟只能想第二道题，第三个一分钟只能想第三道问题。思考每道题时，思想要集中，不能开小差，尤其不能想另外两道题。训练的关键就在于想好一题之后再去想另一题，从而训练注意力能自如地从一件事上转移到另一件事上，就像拉开抽屉一样，一个一个地拉开。

**4. 辨音法**

这种方法取材广泛，简单易行，它既能训练注意力的集中性，还有助于消除疲劳，增强听力。

其方法是，打开收音机听广播，然后放低音量，然后再放低音量，把音量慢慢调到尽可能低，低到刚好能听清为止。微弱的声音迫使自己尽力集中注意力，使自己的注意集中性得到训练。

做这个练习的时间，最好不要超过 15 分钟，否则易导致疲劳。

# 第九章

## 决胜的关键

# 情商（EQ）

在信息时代的今天，传统的成功素质理论早已解释不了成功之道，性格的力量作为决胜人生的关键这一潜在的事实已渐渐浮出水面……

我国某名牌大学少年班曾有这么一位学生，他进校时，经专家测得智商高达160分以上，属于天才型。然而，此人自命不凡，性格孤僻，言语刻薄，无法与同学处理好关系，以至于终日神情落寞，郁郁寡欢。后来他迷上了佛教，阅读了大量佛经及有关文献著作，渐渐沉溺于其中不能自拔。一日，他独自一人走入茫茫深山之中，从此一去不返，四年来杳无音信。尽管家长为之痛不欲生，老师、同学为之遗憾、惋惜，然而他再也没有出现，就此从世上无声无息地消失了。

若论智商，此人不可谓不高，然而他最终所选择的路无疑是很可悲的。高智商并未给他带来人生的成功，他短暂的一生反而不如那些智商平庸者过得有意义。事实上，在智力测验中取得成功而在现实生活中一败涂地的人比比皆是。不少在智力测验中得分为130、140的人，却往往只能做智商100分的人的下级或助手。

美国心理学家曾对该国伊利诺州一所中学81届的81位优秀毕业生进行过跟踪研究，这些学生的平均智商是全校之冠，他们上大学后成绩也都不错，但到近30岁时大都表现平平。中学毕业10年后，他们之间只有四分之一的人在本行业中达到同年龄最高阶层，而很多人的表现甚至远远不如同侪。

曾参与此项研究的波士顿大学教授凯伦·阿诺针对这一调查结果指出："面对一位毕业致词代表，你唯一知道的就是他考试成绩不错，而对一位高智商者，你所知道的也就是他在回答某些心理学家们所编制的智力测验时成绩不错，但我们无法对他未来的成败作出准确有效的预测。"

凯伦·阿诺对智力测验和智商的有用性的评价代表了很大一部分心理学家的观点，也折射了传统智力测验目前所面临的窘迫处境。

传统的智商观念总局限在狭隘的语言与算术能力方面，智力测验的成绩最能直接预测的，充其量不过是课堂上的表现或学术上的成就，至于学术以外的生活领域便很难触及。不少心理学家扩大了智力的定义，尝试从整体人生成就的角度着眼，从而对此的重要性有了全新的评价。其中最为世人瞩目的，便是耶鲁大学心理学家彼得·塞拉维提出的独到的 EQ 学说。彼得·塞拉维在解释 EQ 内涵时，从五个方面进行了阐发：

**1. 认识自身的情绪**

认识情绪的本质是 EQ 的基石，这种随时随刻认知感觉的能力，对了解自己非常重要。不了解自身真实感受的人必然沦为感觉的奴隶；反之，掌握感觉才能成为生活的主宰，面对婚姻或工作等人生大事才能有所抉择。

**2. 妥善管理情绪**

情绪管理必须建立在自我认知的基础上。要检视这方面的能力，即如何自我安慰，摆脱焦虑或不安。这方面能力较匮乏的人常需要与低落的情绪交战，掌握自如的人则能很快走出生命的低潮，重新出发。

**3. 自我激励**

要集中注意力、自我激励或发挥创造力，将情绪专注于一项目标是绝对必要的。成就任何事情都要靠情感的自制力——克制冲动与延迟满足。保持高度热忱是一切成就的动力。一般而言，能自我激励的人做任何事效率都比较高。

**4. 认知他人的情绪**

同情心也是基本的人际技巧，同样建立在自我认知的基础上。具有同情心的人较能从细微的信息中察觉他人的需求，这种人特别适于从事医护、教学、销售与管理工作。

**5. 人际关系的管理**

人际关系就是管理他人情绪的艺术。一个人的人缘、领导能力、人际关系的和谐程度都与这项能力有关，充分掌握这项能力的人常是社会上的佼佼者。

塞拉维指出，每个人在这些方面的能力不同，有些人可能很善于处理自己的焦虑，对别人的哀伤却不知如何安慰。基本能力可能是与生俱来的，无所谓优劣之分，但人脑的可塑性很强，某方面的能力不足可以通过训练和强化加以弥补与改善。

在战胜挫折的一连串过程中，有一股潜在的力量，能够帮助你成功，那就是信心的力量。如果我们能坚持奋斗，我们就必定会获得信心的力量的指引，突破困境。

在信心的指引下，我们能尽一切能力积极思考。此时的思考是创意思考。利用创意思考，我们会奇迹般地战胜挫折。

# 创意思考

所谓“创意思考”，就是指对概念的处理。首先，它强调的对象是概念的本身，而非时间、金钱或体力。其次，所谓“处理”意指一种控制，即利用最少的资源，获得最大的效益，使潜在的想法能够获得最大的发挥。

借助创意思考，我们就能够重振旗鼓，争取最后的胜利。其具体步骤为：

第一步：回顾过去。

回顾过去你所经历的事情和所遭遇的敌友，反省平日的言行，以及你的人生哲学和价值观念。回顾过去支持你的信心力量。问问自己什么时候精神饱满，灵感涌泉，何以现在又情绪低落，对一切失去了兴趣。一项计划结束，令你不知何去何从！某个人离开，使你失魂落魄！竞争激起你的斗志！劲敌使你精神亢奋！一个假想的期待不断地引诱你前进，最后却令你大失所望。目标的设定，往往包含了过高的报酬期待。维系个人、婚姻以及事业上源源不断的活力，往往来自不断追寻探求的过程，而非最后的结果。

第二步：考虑所有可能的机会。

你将如何设计自己的目标？如果你有资本，又受过高等教育及专业训练，更获得领导和同行的支持和合作保证，你将如何设定目标？如果你掌握销售网和充足的筹划时间，又有顶尖高手和最好的生产设备，你又将如何打算？如果你确定计划一定会成功，

你将怎样行动？

机会永远多得超乎你的想象，而你只需逐一地仔细考虑。

第三步：说出你愿意付出的代价。

你是否愿意花三四年时间，再回学校充实知识？或者为了更好的工作机会而离开故里？以至为了早日恢复健康，你愿意投注时间精力从事痛苦的复杂治疗？大声说出你愿意付出的代价！

超级推销员都知道，推销一件产品，要经过无数次拒绝，但他们接受这个代价，并愿意付出这个代价，从而最终成为超级推销员。

说出你愿意付出的代价吧，你就会获得相应的成功。

第四步：选择不凡的行动。

不论你将付出多大的代价，你必须选择不平凡的行动。处理平常琐事，最容易使你失去热忱。选择不平凡的行动，并且接受挑战，能为你带来源源不断的前进力量。

第五步：坚持到底。

当耕耘的时候，日积月累却未见到远景，也许是心灵最困窘的一件事情。然而，只要多一分坚持，希望和援助就会出其不意地到来。

## 左右人际关系的五种性格特性

性格特征有时可以从该人处理人际关系的方法中看出来。精神医学者派恩曾经用交叉分析的方式，做成一个“自我评量表”，借此说明人际关系中显露出来的性格特征。

任何人都拥有五种性格特性，这便是“父性”“母性”“现实性”“奔放性”和“顺从性”。

“父性”是指对于不好或不对的事情，父亲或老师会以严格的态度要求孩子注意或改进。对于怕事或软弱的孩子，则鼓励其继续奋斗。在这样刺激鼓励及强硬命令要求之下，孩子便比较有良心和责任感以及实现理想与追求成就感的倾向。

“母性”，则是对失败或受伤孩子给予关怀和慰问的做法。在这种亲切照顾之下，孩子比较容易有感恩、宽容与接纳他人的特性。

一个人习惯在群体生活中掌握必要的资讯，反应灵敏，做事经常成功，这种特性便称为“现实性”。

若孩子心直口快，经常表现天真浪漫的样子，便是所谓的“奔放性”。这样的人通常看起来精力充沛、有吸引力，但有时候也会出现任性或残忍的倾向。

最后，如果父亲一向严格，孩子可能会养成乖乖听话的习惯。此外，如果父母能力非常强，小孩可能出现自卑感，觉得自己老是跟不上。在这种情况下，孩子很可能变得被动，只希望遵照别人的指令动作，期待周围人的保护。这种遵从权威压抑自己的消极倾向，便是“顺从性”。

## 幽默与和谐

幽默是一种非常好的情绪调节剂，是气质好的表现。

幽默能给人带来愉悦，使情绪平和舒畅。在日趋竞争激烈的

社会中，幽默是一种难得的性格特征，它代表了性格的自由和舒展。

人人都追求幽默，但幽默是自发的、可遇不可求的。

在社会中，幽默是一种十分难得的天外来客。

谁能在幽默上占主动，谁就能很好地控制情绪。

幽默说明一个人在情感调节中的主动性。当一个人悲哀的时候，他的幽默，就说明了他是不会把悲哀真正地放在心上的。

当一个人高兴的时候，他的幽默说明，他在高兴中仍有清醒理智。

幽默是气质好的高度体现，是 EQ 素质的最高境界之一。

## 学会取悦别人

### 1. 显示自己的良好形象

取悦者通常向目标者显示自己的良好形象来取悦对方。

这种自我显示并不是盲目地提高自己，而是有一定目的性和方向性的，即取悦大多是根据对方的期望来进行取悦活动的。

比如，当一个女人爱上一个男人时，她对他的取悦方式是，按照他心目中的理想女性的标准来设计自己的形象。

如果他喜欢前卫的女人，她就打扮得前卫一些，举止言谈就做作一些。如果他喜欢传统的女人，她就打扮得端庄一些，举止言谈就拘束一些。当然，任何一个男人都喜欢漂亮的女人，为此，不管怎么样，她都要尽可能地打扮得漂亮一些。

在取悦方法中，谦虚是重要的一种。

虽然有的时候自我提高、自我美化也是一种很好的取悦方法，但是当取悦者知道目标者的能力比自己强，或在其他方面与自己相比有较大优势时，他们更喜欢故作谦虚。

故作谦虚或者真的谦虚，能够满足对方的虚荣心，这样也就能达到了取悦他人的目的。

为了取悦对方而调节自己的情绪，这是一种比较普遍的做法，几乎人人都会做。比如，当你不高兴的时候，知道对方不愿意看到你的忧伤表情，你就故意在脸上露出笑容；当你高兴而他不高兴的时候，你就得显得忧郁一些，以免引起对方的反感。

为了显示一个取悦于别人的自我，你就得调节情绪、控制情感。

你越会自我显示，就越说明你的气质好，就越说明你的 EQ 素质高。

**2. 给人以恩惠**

你在施予别人以恩惠的时候，要让他感到你在关心他、帮助他或惦记他。你要让他产生你对他是真好的感觉。能给别人恩惠，其实也就等于是给自己恩惠。因为你在付出的时候，同时一定也在得到。这种得到不是物质上的，而是精神上的。因为你在付出的时候，你会微笑，你会感到自己的高尚。这种想法就是你的收获。

给人恩惠，也是提高气质技巧的一种方法。

**3. 善于赞美他人**

平时，当有人对我们高度评价的时候，我们往往很难抵御自己心中对这个人的喜爱。

人就是有这种心理。如果我们善于把握这种心理，那么，我们就会大大方方地夸奖别人、赞美别人。在这种时候，我们的夸

奖与赞美，会对我们有利。

当然，夸奖与赞美的时候，一定要做得真实可信，不要让人觉得你在故意谄媚。否则，效果可能适得其反。

当你想证实自己的时候，恭维会很有效。有趣的是，如果你在恭维别人的时候，能够适当地表现出对恭维这种东西的不屑，效果会好得多。这种心理是普通而正常的。赞美也是一样。学会赞美，也是一种控制情绪的方法。如果一个人连赞美别人都不会，那就谈不上能够控制情绪、掌握气质技巧了。

**4. 善于附和别人的观点**

所谓附和，是指通过在观点、判断及行为上与目标者保持一致来赢取对方对自己的喜爱。

有两种附和：一种是区别式附和，也就是在一些不重要的地方对目标者表示异议，而在一些决定性问题上或紧要关头时对他表示附和。这种方法能够收到很好的效果。因为当你把异议与同意混合起来之后，可以避免给人留下自己就是喜欢随声附和的印象。

另一种是明显附和。这就不用备作解释了。

有附和能力的人，即使是对人反感的时候，也不会在外表露出来。这就是气质控制能力的表现。

## 自我管理

人际关系的一个基本技能是自我管理和移情。

善于自我管理的人，就是善于自我控制情绪的人。

善于移情的人，就是善于控制他人情绪的人。

控制他人情绪的关键，是感染力。

善于社交的人，总是信心十足、精力充沛，他们在社交场合中，能够一边谈笑风生，一边准确地把握别人的情绪和整个局势。

也就是说，他们不但能把握自己的情绪，而且也能把握别人的情绪。而且不管自己的还是别人的，他都能控制与调节。

要做到这一点，就需要有感染力。

那么，怎么样才能有感染力呢？

回答是：要自信。

用充满着自信和精力的态度来面对人生中的一切，是最容易成功的。气质技巧高的人、EQ 素质也高，总是自信十足。他们是如此自信，以至于他们能够以自己的自信去感染别人。

## 自我暗示

一个人如果要做成什么事情，在漫长的过程中，他就必须不断地提醒自己："我要做成那个事。"

只有这样，他才会随时都燃烧着自信与奋进之火，这团火是他前进的推动力。

你在这个世界上，到底要什么？到底追求什么？为了什么而存在？这些都要不断地思考。只有这样，你才不会松懈，你才会勇往直前。

这就是自我暗示的力量。

自我暗示，是如此厉害，以至于使用它的人，大都取得了成功。

有一个商人，开始时只是个小商贩。在他还是小商贩的时候，他就时时提醒自己：

“我要做个亿万富翁。”

他不断地这样提醒自己，不断地这样自我暗示。后来，他从一个小商贩变成了一个小老板，有了自己的商店。

成了小老板以后，他还是时时提醒自己：

“我要做个亿万富翁。”

他就是这样不断地提醒自己，不断地这样自我暗示。后来，他从一个小老板变成了一个较大的老板，有了好几家商店。

成了较大的老板以后，他还是时时提醒自己：

“我要做个亿万富翁。”

他依然这样不断地提醒自己，不断地这样自我暗示。后来，他从一个较大的老板变成了一个真正的老板，有了一个集团公司。

成了大老板以后，他还是时时提醒自己：

“我要做个亿万富翁。”

他依然这样不断地提醒自己，不断地这样自我暗示。后来，他从一个大老板变成了一个真正的亿万富翁，有了好几个集团公司。

他就是王德发，以前是浙江省余姚县石姥山村的一个普通农民，现在是一位民营企业家。

自我暗示法是一种非常实用的技巧，虽然它也有天生的成分，但经过后天的磨练，我们也能拥有它。

# 第十章

## 性格与人际关系

# 以活泼型的人为中心时的人际关系

### 1. 活泼型—活泼型

对于活泼型性格的人来说，在他所接触的能够成为知己的人，或是虽会有隔阂但对自己仍没有威胁的人当中，那些本来不是这样而有时候忽然意外地表现为阴郁或神经质的人，一定也是活泼型的人。

在单位里、工作上，当必须适应一些人与事的时候，活泼型的人总会改变自己，表现出君子风度。

他们并不讨厌自己和不相识的人进行谈话。他们性格上的特征总是直接地表现出来。他们心里想什么就说什么。他们是活跃分子，是积极分子。

在学生时代，他们会是劳动积极分子、体育积极分子、工作积极分子，但不一定会是学习积极分子。长大以后，他们会是个党员、干部。

对于活泼型的人来说，在和他们相同性格的人为同伴的时候，双方都能够很快地理解对方的心情和行动的意义。即使看到对方有些神经质，他们也会马上理解，而不会有特殊的想法。尤其是非常痛苦的时候，他们更能做到相互理解和同情。如果结伴者都是活泼型的人，即使他们不说话，相对沉默，他们也能够感觉到对方对自己的理解，而有心心相印的感觉。

而当发生了利害关系的时候，即使是朋友，他们也会据理力争，不把利害关系严格地确定下来就不肯罢休。

他们之间，往往公私分明：友情归友情，工作归工作，区分得很明显。而在他们工作上有矛盾的时候，也不会影响他们之间的友情。

**2. 活泼型—和平型**

活泼型的人往往觉得和平型的人尽管做事冷静，说起话来心平气和，善于站在聆听者的立场听取别人的意见，可是一旦想要同他们一起干些什么时就会停留在事情的表面上，似乎胆子很小，不敢深入实质。

正是在这种时候，活泼型的人的短处，也在和平型的人面前暴露出来，比如虚张声势、过于急躁，固执、蛮干。

从积极的方面看，在活泼型的人看来，和平型的人办事慎重、情感丰富、有同情心、为人谦虚、沉默中包含着魅力，等等。

而对和平型的人来说，他们对于活泼型的人的缺少谦让、不管对方心情如何而只想按自己的主张办事、宁可无情地舍弃一切也要强行推行自己的主张的态度，尽管也能够做出让步，但总抱以批判的态度。

当然那些与和平型的人关系搞得好的活泼型的人，还是能够得到和平型的人的全力支持和信赖的。

尽管活泼型的人只能部分地理解和平型的人心里所想的事情及他们的行动原则，但如果能在接触中保持一定距离，他们之间的相互关系反而能够顺利地发展下去。

从积极的方面看，在和平型的人看来，他们觉得活泼型的人率直坦诚，是可以交往的人。

**3. 活泼型—力量型**

当活泼型的人和力量型的人相遇在一起，发生联系的时候，

在活泼型的人看来，力量型的人虽不是什么不好的人，可是总显得有点不够谨慎，马马虎虎，没常性，好出风头。力量型的人虽然办事很积极，能够做到尊重事实，但是他们意志薄弱，喜怒哀乐形于色，做事华而不实。和活泼型的人有所接触的力量型的人，往往会产生这样的心情，好像因为自己有了一个强有力的靠山，所以自己本身的存在则显得无足轻重了。

由于这两种类型的人的亲近程度一般只能保持在一定的限度上，而不会为感情所左右，所以活泼型的人的缺点也就很难被力量型的人所看到。后者对前者，其态度往往是非常诚挚的。

**4. 活泼型—完美型**

从活泼型的人的角度来看，完美型的人的长处在于他们的直觉很敏锐，非常注意同别人的关系以至有点神经过敏。

他们为人亲切，所以无论和谁都能搞好关系。

他们的头脑又是那样的聪明果断。

在活泼型的人的印象中，完美型的人往往是很杰出的人物。

活泼型的人虽然总是怕被完美型的人的魅力吸引，可是真的要亲近他们，又会感到这类人难以捉摸，好像是被他们弄蒙了一样。

由于活泼型的人总是直来直去的，所以对完美型的人的所作所为，会不耐烦，并为此感到不安，因为有的时候，他们会感到完美型的人老在盯着自己似的。

完美型的人又是如何看待活泼型的人的呢？

在他们看来，活泼型的人做起事来我行我素，不够沉着稳健。

他们不善于推测事物的发展变化。

他们待人不够热情，态度顽固。

对于他们看到的活泼型的人的这些缺点，他们表示担心，可也无可奈何。

他们认为活泼型的人缺少风度，感觉过于迟钝，总是不考虑别人的事情。因而，他们总是认为活泼型的人搞不好关系，不善于为人处世。

既然这样，那么，对于那些和完美型的人关系处得比较好的活泼型的人，不禁会使人怀疑起他们的关系何以会如此之好。

## 以力量型的人为中心时的人际关系

**1. 力量型—和平型**

当力量型的人与和平型的人在一起发生联系时，对于前者来说，常常不满意。

力量型的人会觉得和平型的人是认真单纯的好人，可是有心眼小、欠果断、内向、悲观、掩饰自己等不足。

力量型的人觉得和平型的人的自省、谦让是可取的，可是不喜次他们的不爽快、不直率。

和平型的人的这些缺点，力量型的人都能看到。

这两类人接触，和平型的人即使是看出了什么，也不会坦率说出，这样就会被力量型的人瞧不起。

对于和平型的人来说，力量型的人果断、善于交际、不爱说伤害别人感情的话、开朗、乐观。

当然，力量型的人的缺点也很明显。

力量型的人尽管与和平型的人来往，但不会以他们的框框标

准去思考、行事，因此看不到他们的缺点。

对于精神方面的东西，和平型的人比较注重；而力量型的人则比较注重物质上的往来。

他们如果互相调节，关系还是能搞得不错的。

**2. 力量型—活泼型**

对力量型的人来说，活泼型的人是意志坚强、充满自信、富于理智，并且具有实际活动能力、精力充沛的人。

力量型的人只看到活泼型的人的长处，因为他们的长处，很多是他们所不具备的。

也正是这个原因，力量型的人就更能感到活泼型的人是很有吸引力的人物。

在活泼型的人和力量型的人的相互关系上，后者在许多场合都是尽力为前者服务的。不过，为了维系各种人际关系，则需要人们之间的互相帮助。所以，活泼型的人也意识到，力量型的人为自己那样尽心尽力，如果自己丝毫不愿意为他们做出一些努力或某些牺牲，那么自己不仅会失去这样好的伙伴，而且自己的一切也会变得不成样子。

**3. 力量型—完美型**

对于力量型的人来说，完美型的人热情、郑重、关心体贴人、富有同情心、理解力强，是不容忽视的人。

完美型的人总是给人一种冷静、默默倾听别人诉说的印象，是很有魅力的人。

这两种人在一起时，不知不觉有一种同心协力的心情，不由自主地想交谈。

在完美型的人的眼中，力量型的人特别健谈，不够慎重、踏实。

同时，力量型的人有时说话过于夸张，对同一事情的处理方法，一天一变，有点不可信。

随着交往的加深，完美型的人会越来越多地发现胆汁质人的缺点，因而对他们评价较差。

能与完美型的人很好相处的力量型的人，并不是将自己推销给完美型的人，而是能在自己的道路上前进，并且没有要利用完美型的人的意思。

要得到完美型的人的帮助，力量型的人就必须与完美型的人的步伐一致，不要过分强调自己的特点。

**4. 力量型—力量型**

相同性格之间，没有强弱的关系。

力量型的人不讲原则。

但力量型的人完全凭真心说话、行事。

同是力量型的人，能顺利地理解对方，他们的感情很容易沟通，说话也很投机。哪怕是在事情极端复杂、千头万绪的时候，力量型的人也能彼此理解和沟通。

他们在相互交往时，不会有隔阂。

力量型的人开朗、热情，看上去与谁都能很好地相处。但他们不愿意在陌生人面前表现，他们只愿和相互了解的人往来，此时他们真诚相待。

力量型的人带有封闭性，但不严重。这是因为胆汁质的人总觉得与不熟悉的人接触就像隔着什么。

但如果对方同样是个胆汁质人，哪怕他们再陌生，他们也不会有隔阂。

力量型的人之间志趣相投。他们只看重真正的胜负、业绩和

事实。为此，他们能够面对彼此的缺点。

当彼此有矛盾时，他们以事业为重，尽可能化解矛盾。在化解时，尽量替对方着想。

## 以和平型的人为中心时的人际关系

**1. 和平型—和平型**

和平型的人不擅长与人交际，不擅长与陌生人交谈。

但是面对熟悉的、亲密的人，面对知己，他们会出人意料地发挥出他们很强的社交才能。

特别是当他们都为和平型时，他们能够确确实实地为对方服务，为对方尽力，为对方尽力去做有好处的事。

随着年龄的增大，随着阅历的增加，他们越来越不把真心话一下子说出来。

他们往往只说一些原则性的话，说一些可说可不说的话。

他们有的时候表现得不太自然，好像心理有疙瘩。

和平型的人与和平型的人彼此在一起时，能互相理解对方的心情，在危险的时刻，他们更能相互理解。

他们彼此之间，都往往能理解对方在想什么、有什么打算。

在对方有困难的时候，他们能尽力去帮助。

**2. 和平型—活泼型**

和平型的人和活泼型的人在性格上差异性很大。两者的关系可以说是既对立又统一，积极和消极两方面都表现得非常明显。

从积极的方面来说，和平型的人在活泼型的人的眼中显得为人处世谨慎细心，内心感情丰富，有着像大海般广阔深邃的同情心，为人谦虚平和，不喜说三道四搬弄是非，信奉“沉默是金”的人生格言，是一个有情有义、感情丰富、思想深刻的人。

从坏的方面来说，和平型的人在活泼型的人的眼中往往显得胆小怯懦，说话行事不果断，缺乏一定的魄力。尤为糟糕的是，由于和平型的人做事比较冷静，常三思而后行，且不轻易吐露自己的见解、观点和心事，因此在活泼型的人看来，似乎很难与和平型的人进行比较深层次的交流，难以成为推心置腹的朋友。

反之，活泼型的人在和平型的人眼中同样也存在着较为鲜明的积极和消极两方面的特征。

比如从积极的方面说，和平型的人比较欣赏活泼型的人的坦率真诚，为人行事果断大胆，富有魄力，不世故，不伪诈，敢作敢为，是一个具有行动能力的人。

而从消极的方面说，活泼型的人在和平型的人看来往往显得咋咋呼呼，说话行事急躁冒失，常不顾及后果地一味蛮干，感情粗糙，思想肤浅，是一个缺乏美感的人。

和平型的人和活泼型的人相处，如果能较为客观地评判自己与对方，并使自身的心胸豁达大度一些，双方理智地保持一定的距离，那么相处可能会更融洽、顺利。

**3. 和平型—力量型**

这两种性格的人交往是比较困难的，可以说两者在相处时常使对方都会感到不太满意。

和平型的人往往比较注重精神层次上的交流，而力量型的人则比较看重物质上的来往。

两种性格的特点我们前面已提及，此处不再赘述。

从对方的眼光来看，彼此的差异几乎是无法消除的，而且常常会引起厌恶感。对力量型的人来说，尤其如此。

比如说，和平型的人比较内向、自省，为人处事平和谦让，不轻易指责他人，这一切在力量型的人看来则显得胆怯、畏缩、圆滑、虚伪，并因此而贬低和平型的人。

相对这一点来说，和平型的人倒是更能欣赏力量型的人的长处，比如力量型的人的乐观、开朗、泼辣、果断、善于交际等，但对力量型的人有时过于咄咄逼人的言行则会耿耿于怀，虽然嘴上不愿说，内心却是不以为然的。

这两种性格的人若要融洽相处，最重要的一点就是要学会将心比心，切不可以自己的好恶来衡量一切。

**4. 和平型—完美型**

谁都不喜欢抑制自己感情的起伏，而完美型的人尤其如此。

在完美型的人看来，和平型的人非常有耐心。

和平型的人把自己包围在舒畅的气氛中，决不强制、压抑。

和平型的人有同情心，言行始终有规律很正确。

这些使得完美型的人对和平型的人非常好感。

和平型的人不随便发言，言语行动有节制，耐心倾听别人说话，很客气。

和平型的人还有牺牲精神。

在和平型的人眼中，完美型的人如何呢?

完美型的人行动感情都相当细致。

他们聪明、能干，可聪明得过分、能干过分时，又常常会招致失败。

有时候完美型的人的情绪波动较大，容易发脾气。

当和平型的人发现完美型的人这些缺点时，他们会很失望。

和平型的人认为从始至终的经过都很重要，要在一贯性中承认价值。而完美型的人则缺乏一贯性，会突然被和平型的人认为是小人。

他们在一起的时候，往往和平型的人是作为幕后的人而存在，给完美型的人出谋划策，而自己并不抛头露面，把好处都给完美型的人。

## 以完美型的人为中心时的人际关系

### 1. 完美型—完美型

完美型的人是少数派。他们的很多性格，特别是从小开始，在大多数人的包围中培养起来的。

完美型的人尽量与人搞好关系，以便生存下去。

完美型的人离开家庭、走向社会时，要继续搞好人际关系，要比以前更加紧张小心，所以往往他们感到疲惫。

他们与朋友、熟人交往或与这些人一起工作时，总是存有很强的戒心，仿佛与对方总有一条鸿沟。

在精神方面，他们与朋友、熟人总是存在着感情隔阂。

但同是完美型的人，却没有隔阂感。

完美型的人与完美型的人，相互之间只要进行简单的交往，就可以消除隔阂，越过一切障碍，使各自的心情很快轻松下来。

彼此沟通了的完美型的人相处，可以成为相互消除疲劳的朋友。

一旦发生什么危险，他们会丢下个人得失，尽力给予同伴帮助。他们彼此依靠，互相团结，其他性格的人难以接近这个阵营。

尽管彼此都是完美型的人，都很了解对方的情况，但是对方毕竟不是自己，所以，他们都明白，对方与自己最好，也还是有界限的。

相处融洽的完美型的人，都是既能脚踏实地，又能恰当处理好关系的人。

**2. 完美型—活泼型**

这两种性格的人的关系往往显得比较奇特。因为两者都不太信任对方，但关系却能处得比较融洽，真让人怀疑这两者是不是在上帝面前签下了友好协议？

为什么这么说呢？

在活泼型的人的眼中，完美型的人虽然有些神经质，神神秘秘的让人感到不安，仿佛什么事都瞒不过他们，一切尽在他们的掌握之中以至于在他们面前变得无所遮掩，并因此而产生某种没来由的恐惧与紧张。尽管如此，但活泼型的人还总是感觉完美型的人具有某种说不清道不明的魅力，虽然担心被他们利用和蒙骗，但还是乐意接近他们。

而在完美型的人的眼中，活泼型的人往往显得不太可靠。因为其感觉过于迟钝，为人处事固执己见，难以接受别人的意见，对事物的发展变化缺乏深刻的洞察力与预见力，等等。

但奇妙的是，完美型的人虽然在某些方面不太看得起活泼型的人，但活泼型的人正因其固执的天性而对完美型的人的忠诚却足以令完美型的人折服。

这两种性格的人之间的关系可以说是领袖与追随者的关系。

3. **完美型—力量型**

我们前面已说过，完美型的人是具有一定的领袖性格的人。他们的直觉敏锐，善于处理错综复杂的人际关系，是一个不容忽视的、深孚众望的、具有强烈个人魅力的人。

而力量型的人善于言谈，喜爱结交朋友，这一点很受完美型的人的欣赏。

但力量型的人说话办事往往表现得浮夸、粗糙，不太可靠，因此不太会受到完美型的人的真正尊重。

因此，这两者要处理好关系，力量型的人所要做的事情似乎更多。他们需要脚踏实地走自己的路，同时又要善于藏拙，不要过分表现自己，以免显得虚夸浮躁，只有这样才能真正赢得完美型的人的友谊。

4. **完美型—和平型**

完美型的人对和平型的人几乎是天生具有好感的。

这两种性格的人拥有一个共同的特点，那就是情感都很丰富细腻。这一共同点使得他们能够真正地欣赏、尊重对方。

但也正是因为这点，他们又往往能够异常细致地体察到对方的缺点，甚至会因此而达到彼此难以容忍的地步。

在两者的交往中，和平型的人显得更有耐心，更富有自我牺牲精神，善于克制，不乱发脾气，不轻易恶语伤人，是一个聪明、细致，而又耐心周到的倾听者。

而完美型的人虽然也是属于情感细腻型的人，但在与和平型的人的交往中，往往显得有些急躁，易发脾气，情绪容易波动起伏，他们常无法忍受自己的失败展现在和平型人的面前。换句话说，和平型的人的冷静、谨慎、宽容常会使完美型的人觉得自己有点

荒唐可笑，甚至是无足轻重。

在很多场合，这两种性格的人往往是处于亲密合作的关系。

完美型的人是个好领导，而和平型的人则是一个高明的参谋。

# 第十一章

## 性格与交际方法

# 活泼型的人的交际方法

**1. 活泼型—活泼型**

面对活泼型的人，要做到以下几点：

（1）不要抢先发表自己的观点，要认真倾听对方的谈话内容。

（2）在交往中要了解对方的兴趣、想法、知识水平，以便适合他的需要。

（3）跟对方谈话的时候，要简明扼要，明白易懂，切忌故弄玄虚。

（4）对对方要以礼相待。

**2. 活泼型—和平型**

面对和平型的人，要做到以下几点：

（1）办事不要着急，不要惊慌。

（2）在接触中，要以尊重和支持对方为出发点。

（3）要设法去掌握对方的思想，知彼知己，百战不殆。

（4）办事要慎重，三思而后行。

**3. 活泼型—力量型**

面对力量型的人，要做到以下几点：

（1）尊重对方，做出愿意为他们服务的姿态。

（2）要关心和帮助对方，和他们建立融洽的关系。

（3）不要对他们的细节言行纠缠不休。

（4）要热心、客气，时时替对方着想。

**4. 活泼型—完美型**

面对完美型的人，要做到以下几点：

（1）要使对方知道自己对他们的重视。

（2）要使对方看到自己的态度和主张。

（3）要坦率表明自己的心情。

（4）不要针对对方的弱点进行争论或攻击。

## 力量型的人的交际方法

### 1. 力量型—力量型

面对力量型的人，要做到以下几点：

（1）要有彼此相处好的信心，但要事先摸准他们的愿望。

（2）要有感情上的交流，相互理解。

（3）要互相提醒，互相勉励。

（4）发现对方的优点，应直率地表扬。

### 2. 力量型—和平型

面对和平型的人，要做到以下几点：

（1）要认真、一本正经地对待对方，不要开玩笑，不要太轻率。

（2）要真诚，要打动对方的感情。

（3）要积极主动，但不要勉强。

（4）在对方面前不要自以为是，在处理问题时要多同对方商量。

### 3. 力量型—活泼型

面对活泼型的人，要做到以下几点：

（1）要力求适应对方所好，感受他们的感情，同喜同忧。

（2）实事求是，不要夸张。

（3）要信守诺言。

（4）有错误时坦率承认。

**4. 力量型—完美型**

面对完美型的人，要做到以下几点：

（1）谈话时不要夸张，要准确、仔细。

（2）要理解对方，尊重对方。

（3）要若即若离，不要过于贴近。

（4）要耐心。

## 和平型的人的交际方法

**1. 和平型—和平型**

面对和平型的人，要做到以下几点：

（1）始终要有谦虚、诚实的态度。

（2）要主动、积极。

（3）要有礼貌，不要给对方添麻烦。

（4）当有裂痕时，要忍耐，然后主动和好。

**2. 和平型—活泼型**

面对活泼型的人，要做到以下几点：

（1）要谦虚，不可以妄自尊大。

（2）要坦率，不恭维，也不讲虚荣。

（3）不轻易承诺什么，以免对方失望。

（4）不要给他人添麻烦。

**3. 和平型—力量型**

面对力量型的人，要做到以下几点：

（1）要诚实，不能含含糊糊。

（2）不要性急，要有耐心。

（3）不要多管闲事去批评他们的过错。

（4）不要对他们有依赖心理，要平等交往。

**4. 和平型—完美型**

面对完美型的人，要做到以下几点：

（1）不要在对方面前得意忘形，要认真。

（2）要热情、主动地来往。

（3）有矛盾时，要克制，避免正面冲突，事后去主动和解。

（4）有错时，要勇于承认。

## 完美型的人的交际方法

**1. 完美型—完美型**

面对完美型的人，要做到以下几点：

（1）要正直，不要有歪心思。

（2）要感受对方、理解对方，才会获得对方的尊敬。

（3）要信任别人，不要总抱着戒心。

（4）要原谅对方缺点，宽容、大度，

**2. 完美型—和平型**

面对和平型的人，要做到以下几点：

（1）要主动交往，悉心对待。

（2）在一起时多做点事，尽力为对方着想。

（3）要关心对方，要给他们精神上的支持。

（4）要信任对方。

**3. 完美型—活泼型**

面对活泼型的人，要做到以下几点：

（1）说话要全面、细心，不要粗枝大叶。

（2）要言行一致、表里如一。

（3）要信任对方。

（4）要尊重对方。

**4. 完美型—力量型**

面对力量型的人，要做到以下几点：

（1）要谦虚，要用心替对方着想。

（2）替对方做事时要认真、仔细。

（3）要坦率、直爽，也要慎重、客气。

（4）要有奉献、给予的精神，但不要期待回报。

## 探知他人的性格类型

在分析了人际交往方面的特征和技巧之后，我们认为，窥测他人的人际世界，也是非常重要的。这样既可以探知他们的性格类型，也有利于自己和他人交际水平的提高。

那么，如何知道他人的人际状况呢？

可以从以下几个方面观察：

当你第一次见到某个人时，

他的表情——

（1）紧张局促，羞怯不安；

（2）热情诚恳，自然大方；

（3）大大咧咧，漫不经心。

他的视线——

（1）看着其他的东西或人；

（2）直视你的眼睛；

（3）盯着自己的某一部位。

他的话题——

（1）彼此都喜欢的；

（2）他自己所热衷的；

（3）你所感兴趣的。

他的动作——

（1）常用姿势补充言语表达；

（2）指手画脚；

（3）偶尔做些手势。

他的讲话速度——

（1）频率相当高；

（2）节律适中；

（3）十分缓慢。

他的临别表示——

（1）他决定下次约见的时间地点；

（2）请你提出下次约见的时间地点；

（3）等待你说什么。

凡属（1）种表现的人，是那种不太令人生厌或比较懂礼貌的人，但在人际交往中，缺少内在的主动性。

凡属（2）种表现的人，只依自己习惯说话、行事，不注意对

方的情况，对自己会给对方留下什么印象不看重或自以为是。这种人至少是不善于运用社交技巧,更可能是缺乏为人处世的基本素养。

凡属(3)种表现的人,既知热情、礼节之重要,也懂社交的常识、技巧，不论其动机如何，都称得上是一种善于人际交往的人。

此外，两膝盖并在一起，小腿随着脚跟开成一个“八”字样，两手掌相对，放于两膝盖中间。这种人特别羞怯，多说一两句话就会脸红，他们最害怕的就是让他们出入社交场合。

以手遮口的人，生来大多羞怯，同时也容易顺应社会。笑的时候，用手遮口、盖住牙齿的人，此种倾向则更为强烈。

当你给某人递烟或其他食物时，他们嘴里说“不用”“不要”，但手却伸过来接了，显得很客气的样子，这完全是假装客气。这种人处世圆滑、老练，不轻易得罪人，哪怕是他最恨你，但与你见面时照样对你友好微笑。

从视线亦可探知其交际关系。

谈话开始的时候，将视线移向对方，是想引起对方的关注；即将结束之际，视线关注对方，则是想了解对方究竟听进去多少。相反，视线在谈话中间时移开，情况又会怎么样呢？一般认为，初次见面时，先移开视线者，其性格较为活跃。谈话中有意处于优势地位的人，也会先把眼光移开。一个人在谈话中是否能占上风，在最初的半分钟内就已经决定。当视线接触时，先移开目光的人，就是胜利者。相反，因为对方移开视线而耿耿于怀的人，就可能胡思乱想，以为对方嫌弃自己，或者与自己谈不来。无形之中，对对方的视线有了介意，而完全受对方的控制了。

由于人具有各种不相同的性格，因而，在人际交往中，也就有了各种不同的、形形色色的表现。

# 第十二章

## 性格与谈判

# 关于谈判

在谈判中，无论你嘴巴怎么利索，要是对方没有一副善于倾听的耳朵，那么，你说什么都是白说。不是吗？

要使对方有一副善于倾听的耳朵，不仅需要他自己的聪明智慧，也需要你有一张能言善辩的好嘴巴，更需要你拥有一种在谈判席上特有的良好性格。

现在，我们从谈判这个概念说起。

所谓谈判，就是指具有利害关系的双方或多方为谋求一致进行协商洽谈的沟通协调活动。

谈判必须有两个或两个以上的参加者。谈判总是以某种利益需求的满足为预期目标。因此，它的中心任务在于一方企图说服另一方接受或理解自己的观点以及所维护的基本利益。

谈判的双方都有各自的需求，都有追求的目标，所以双方都应相互谅解，为建立持久的利益关系和沟通交往而努力。

谈判根据内容不同而有不同的分类。其中一种最主要的是外交谈判。

外交谈判作为一项政治活动，在政治生活中有着非常重要的作用。外交谈判的成与败，往往关系到一个重大政治活动的成与败，有时，甚至会关系到一个民族、一个国家的命运。

所以，外交谈判是极其重要的。

而选择谁来进行外交谈判，就显得尤其重要。

不是谁都可以做外交官的，不是谁都可以在外交上取得成功的。外交谈判，对人的才能有着很高的要求。

那么，什么人才能符合参加外交谈判的要求呢？是不是说，参加外交谈判，必须是某些性格的人，而另一些性格的人却不行？

比如，有人认为，既然是谈判就必须能说会侃，会滔滔不绝地大谈特谈，所以，这个人必须是活泼型的人，也可以是力量型的人，而不能是完美型的人，尤其不能是和平型的人，事实是这样吗？

比如，有人认为，作为谈判者，他的学识与智慧比谈吐更为重要。有时夸夸其谈反而误事。所以，应该挑选内向的人去做外交官，而外向的人不行。即参加外交谈判的人，最好是完美型或和平型的人，而不是活泼型或力量型的人。是这样吗？

其实，问题并没有那么简单。

相信你在看完了以下的内容以后，对于性格与外交谈判的问题，会有一个比较明晰的看法。

## 活泼型的人与谈判

活泼型的人的谈判非常能体现他们活泼型的性格特征。

活泼型的人外露、直率，能直接地向对方表露真诚、热烈的情绪。

他们充满了自信，随时能与对方进行滔滔不绝的长谈。

他们总是十分自信地步入谈判会场，不断地发表自己的见解和提出权益要求。

他们总是兴致勃勃地开始谈判，乐意以积极的态度和诚意来谋求自己的利益。在磋商阶段，他们精力充沛，能迅速把谈判引

向实质性洽商。

他们有时玩弄一些外交手法，目的是让谈判对手做出合理让步。

他们在外谈判中的特点，可以归纳为以下四个方面：

（1）态度热忱，外露奔放；

（2）业务上兢兢业业；

（3）该出手时就出手；

（4）富有讨价还价的能力。

由于他们的性格中有乐于吸收新事物新思想、少传统少束缚、重实际功利、勇于冒险勇于创新，守信用、重视效率等特点，所以，在谈判中，才会形成如此风格。

他们都认为货好不降价。什么“大酬宾”“大减价”“买二送一”“有奖销售”等等，在他们看来，这是对自己的商品缺乏信心的表现，是自己的商品不过硬，或是根本不懂经商赚钱的无能做法。

在一般贸易洽谈过程中，为什么要减价呢？为什么要恳求别人来买呢？

他们认为他们的商品好，质量高，就是要出高价，便宜他们是不会卖的。当然，他们也不会坐等顾客上门，他们会积极采用各种各样的方法，进行各种方式的宣传，以便使消费者和买方谈判代表知道他们的商品，了解他们的商品，最后就心甘情愿地买下来。

活泼型的人比较有时间观念。他们认为，时间也是商品。他们常以“分”来计算时间，比如月薪 3000 元人民币，每分钟值多少钱，都要算清楚。

他们在谈判的过程中，是舍不得一分钟的时间去作无聊的会客和毫无意义的谈话的。

如果你占用了他们 10 分钟时间，在他的观念里就会认为你占用了他多少金钱。在他们看来，你占用了他的时间就是偷了他的钱，没什么区别。

由于他们的时间观念特别强，因此，在谈判的时候，他们是十分注意效率的。

他们喜欢一切井然有序，不喜欢与事先没有联系，突然之间闯进来的人进行各项谈判。

他们在谈判之前，总是事先预约。而在谈判的时候，从来就不讲废话，单刀直入，直接进入谈判正题。

他们有强烈的团体意识和成功的愿望。他们在谈判之前，很重视人际关系的建立。他们重视对谈判对手的信任，而不重视条文本身。因此，让他们产生信任感，是很重要的。

活泼型的人喜欢的谈判方式首先是创造一种信任的气氛。对他们提出的谈判程序和进度，应持比较温和的态度，以体现你是关心他们的利益的。

在外交谈判中，活泼型的人相信，外交官是他们国家的代表，如果对手在谈判中一遇到情况就请求汇报，他们就不会再和你认真商洽了。

他们不喜欢与年轻人谈判，他们偏爱长者，信任权力。

就一般而言，他们谈判喜欢搞“速决战”，对方的谈判不能过长。因为有的时候，他们的性子显得比较急。

所以，他们喜欢三两个回合就结束。

他们要做出谈判决定，必须先召开公司有关人员参加的会议，然后经过长时间的协调才能决定。

但一旦做出决定，他们就会迅速付诸实施。

活泼型的人在实施拖延战术的过程中，会想方设法了解谈判对手的意图。你若急于求成，他们就会拼命杀价，经常把你磨得精疲力竭，有时能拖到临上飞机前才接受你的价格和条件。

所以，作为谈判者，你最好不要透露你的真实想法，以免被对方抓住不放。

## 力量型的人与谈判

这个类型的人是赚钱能手，当今世界的大批财富就掌握在他们手中。

他们谈判有与众不同的风格。

他们对于交易谈判的对手，总是带着这样的问题：今天我能得到多少实际利益？今天他能给我多少实际利益？

他们认为，谈判时，一定要现实，能得多少就抓住多少，交易就是交易，要立刻付诸实现。在商业上，即使谈判对手在一年之后确能成为亿万富翁，也很难保证他们明天有变化。人、社会、自然界，天天在发生变化，而唯有抓住现在的实际利益。

他们谈判的要领是：是与不是，一定要清清楚楚。

讲清是与不是，这是谈判的基本要求，也是最重要的一件事。他们在商谈中，对方提出的订单无法接受时，就会明白告诉他们不能接受，而不含糊其辞，使谈判对手存有希望。

如果有商量的余地，他们便会据实告诉谈判对手，待后作答，这样的谈判就不会有纠纷了。相反，为了保持继续商谈的余地而装着有意接受的样子，含糊作答，或者答应以后作答却迟迟不答，都可导致谈判纠纷的发生。

他们认为，万一在谈判场合发生争议，就要注意谈判的态度必须认真诚恳，重要的是绝对不可以笑。这是因为，装出笑容会使对方更为生气，甚至等于自认理亏了。

在受到责备的时候，在有争议的时候，在纠纷很大的时候，即使是在这样的时候，他们也决不会说：

“好，好，我答应。”

“行，为了让你高兴，就听你的吧。”

“照你的意思去做吧。”

“对不起，是我不对。”

他们在谈判时不会轻易地承认自己有失误之处和表示愿意负起责任的态度，直到追根究底，确信己方有误时才负起责任处理。

为了使谈判和谐顺利地进行，他们信奉的唯一办法是在谈判中对是与不是要表示清楚，同时表示出我方愿意妥协的态度，面对面地让对方了解我方对解决争议的诚意。因此，他们认为在谈判过程中，最好亲自访问对方，面对面地交谈，不要用电话，因为电话的交易过于模糊，对方也不能看到我方的诚恳态度。

一般而言，力量型的人谈判做生意是比较苛刻的。

曾经有位完美型的人接到力量型的人的订单，由于订购数量大，而且又订妥了契约，他就很放心地扩大生产，以便如期交货。结果半途而废，被毁了约，那是因为后来由于市场情况的变化，力量型的人确信这次谈判贸易无利可图，虽然订了契约，也千方百计找了毛病毁约了。

为了不使他们有隙可乘，你应该多花点钱聘请一位律师。不



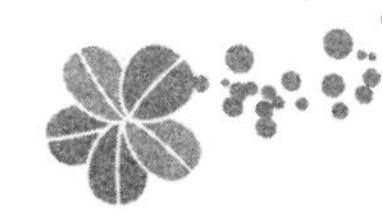

要到发生问题时再去请律师，在谈判的过程中就要就每一细节进行研究商讨，以防患于未然。

在不同的场合，对于谈判人员来说，力量型的人认为善于讲话的人是最好的生意人，语言功夫是谈判者做生意的本钱。要进货、要推销少不了靠语言。说得好不好，中听不中听，大有讲究。吹牛皮不足取，但是当哑巴，或说话枯燥乏味，或不分对象、场合乱讲一通，那也是做不好生意、赚不到钱的。

若是外交谈判，谈判者头一关就得说一口中听流利的外语，能讲两种或几种外语更佳。他们认为谈判的结果跟你语言的能力大大相关。

在谈判时，他们常常很客气，可是他们的客气，可不是妥协的表示。有时谈判结果和协议，常常会费尽口舌才得以勉强通过。对于合同、协议之类的文件，他们一字一句都十分细心，决不马虎。有时会争得面红耳赤，但是过后一转身，尽管对方余怒未消，他们仍然笑容可掬地向你问候晚安，好像从来没有与你争吵过。

有时对方表面上虽然也装得平静，可是心里的冲动却难以抑制。力量型的人精明过人，他们早已看出你的心理活动，甚至不知不觉地已经接受了他们的谈判条件。

在谈判过程中，力量型的人总是喜欢先为谈判协议勾画出一个大致的轮廓，然后再达成原则协议，最后确认谈判协议上的各个方面的内容。他们具有依靠自身意志以谋取利益的高超谈判本领。

他们的长处在于，他们在摸底阶段很坦率和直爽，在谈判中他们能够提出具有建设性的意见。他们在提条件的阶段谈得很出色，并且精于讨价还价。

在和他们谈判时，应该对他们坦诚相待，采取灵活和积极的态度。

在谈判活动中，他们肯定先对市场反复调查，搜集大量信息。知彼知己，百战不殆。

他们比较喜欢谈判场合良好的交往气氛。因此，同他们谈判，除了业务主题之外，还可以聊一些文化生活或社会新闻等话题，以产生亲密和谐的氛围，帮助谈判活动顺利进行下去，谋求双方最大的利益均衡。

## 完美型的人与谈判

完美型的人谈判的特点是准备工作做得完美无缺。

完美型的人喜欢明确表示他们希望做成的交易，准确断定交易的形式，详细规定谈判中的议题，然后准备一份涉及议题的报表。在谈判过程中，他们的陈述和报价都非常清楚、明确、坚决和果断。

完美型的人对自己的产品很有信心。在商务谈判中，常常会用本国产品作为衡量的标准。他们办事认真，在签订协议前对各种细节的研究十分重视，一经签订协议，就会严格信守合同，履约率很高。

他们不太热衷于采取让步的形式。这种谈判方式表明，他们考虑问题周到，准备充分，但是缺乏灵活性和妥协性。

如果经验丰富的谈判人员运用这种谈判策略的话，它的威力就很大，选取报价阶段尤其明显。一旦由他们提出了报价，这个报价就显得不可更改，讨价还价的余地会大大缩小。

与完美型的人打交道的方法，从程序上看，最好在他们报价之前就进行摸底，并做出自己的开场陈述。这样，可以阐明自己的立场。但所有这些，要做得快速，因为他们在谈判以前已经做了充分的思想准备，他们会非常迅速地把谈判引入到磋商阶段。

完美型的人认为，一个谈判者是否有作用，只要看一看他经手的事情处理得是否附有效就知道了。

他们还崇敬合同、协议、条约，信守其中的规定。他们要求协议上的每个字每句话都十分准确。在他们看来，不管发生了什么，都不能撕毁协议。他们之中很难找到一个背信弃约的人，如果有的话，那么，也会被追查到底，承担一切后果。

正因为如此，他们的生意总是做得很好。若由他们做外交官，对国家也是很有利的。

为了谈判成功，完美型的人会用拖延的战术。

有一次，以一个完美型的人为总理的北京公司，派人到深圳一家公司进行贸易谈判。谈判一开始，深圳代表滔滔不绝地说个没完，想迅速达成协议。而完美型的人却一言不发，只是挥笔疾书，把他的发言全部记录下来。

第一次谈判就是这样结束的。而后，完美型的北京人就回北京了。

一个月后，北京公司又派了几个人作为代表来到深圳，进行第二轮谈判。这批新到的北京人，仿佛根本不知道以前协商讨论了些什么问题，谈判只好从头开始。深圳代表照样口若悬河，滔滔不绝，北京人又是一言不发，记下大量笔记又走了。

又过了一个月后，以完美型的人为总经理的北京公司派了第三批代表来到深圳，依然是一言不发地记录了笔记之后走了。

这样又是好几次。

一年过去了，两年过去了，完美型的人的公司毫无反应。

而正当深圳公司绝望的时候，完美型的人的公司的代表又来了。这一次，完美型的人的公司代表一反常态，在深圳代表毫无思想准备的情况下，突然拍板表态，作出决策，弄得深圳公司措手不及，十分被动，损失不小。

完美型的人的这一招，是十分厉害的，往往使他们的谈判伙伴猝不及防，又怕又敬。这就是完美型的人的拖延战术。

这种战术，从表面上看是拖延时间，实际上他们是在寻找时机，要趁人不备，出奇制胜。

## 和平型的人与谈判

和平型的人谈判的特点是不怎么刻意追求，常常是一副无所谓的样子，平静、沉默少语，讲话慢条斯理。

他们的谈判准备往往不够充分，不够细致周到。他们在开场陈述时十分坦率，愿意使对方得到有关他们的立场、要求的情况和信息。

和平型的人谈判时和善友好，喜好交际，容易相处。他们在谈判过程中擅长提出建设性意见，对别人提出的建设性方案能够做出积极的反应。

和平型的人在洽谈中，为了达到赚钱的目的，有时会表现出令人吃惊的忍耐。但他们并不死板，一经发觉划不来时，别说等几个月，就是几天都等不了了，他们会突然中断原计划。

比如，和平型的人在谈判决定对某个生意项目进行投资时，往往会准备好三个月内的预测计划。

第一个月的经营实绩，如果和预期相差太大时，他会继续投入资金、人力、物力，表现得镇定、毫不动摇。

第二个月，如果经营实绩和预期目标有一定距离，而且没有把握使生意好转时，他们还会痛快地增加投资。

但是到了第三个月，倘若计划仍实现不了，他们会马上停住步子，毫不犹豫地放弃这三个月中的全部投资。

和平型的人认为既然这是失败，就应该及时回头，以避免以后更大的损失。

他们在谈判桌上，就是对下了血本千辛万苦创办起来的公司，也会毫不犹豫地卖掉。

在谈判桌上，和平型的人与对手建立人际关系的方式比较独特，开始时往往保持一定距离，而后才慢慢接触融洽。因此，谈判不能操之过急。

和平型的人，有时候会比较顾全面子问题，在谈判中，他们希望对方把他们看作大权在握和起关键作用的人，他们要向对方递上印有他们的头衔的名片，他们要有一辆高级小汽车和一名司机。

如果他们谈判时态度强硬，而对方要迫使他们做出让步时，千万注意不要使他们在让步时丢了面子。同样，如果我们从原来的强硬立场上后退，也不必在他们面前硬撑。谈判最后达成的协议，必须是被他们的同事认为是保全了他们的面子或为他们增了光的协议。

和平型的人谈判时，喜欢对方对他的家庭发生兴趣。你送一件礼物给他，即使是小小的不太高级的礼物，其意义也是重大的。

因为对一个和平型的人来说，礼物是送给自己的，是非常有价值的，而一个丰盈的订货单是集体所得，对个人的价值与意义并不大。

和平型的人的善于讨价还价也是出了名的。

举一个明显的例子。在百货公司选购物品时，一般人总是按照标明的牌价去买，在百货公司没有讨价还价的习惯。可是，和平型的人却不是这样，他们在百货公司买东西和在小摊贩上买东西一样，肯定要求卖主减价，而且报价有一套巧妙的办法，从不以一次降低为满足，总是一而再、再而三地讨价还价，直到该商品实在不能再降价为止。

在谈判桌上，这种事情却不多见。因为谈判桌上，双方都是有备而来，不太有便宜可占。和平型的人对此很清楚，所以，他们更是尽力争取。

## 强化你的说服能力

所谓说服，就是要尽这方面之能事，促使他人心甘情愿地做你想要他们做的事，你或解释，或推理，或循循善诱，或费尽心机。但不管你怎样去做，有成效的说服就是要促使事情发生，把事情从 A 点推到 B 点，从你的设想推到那些实现设想的人。

单单能够把人叫来，还不能说完事。事实上，他们时间一长，就有起反作用的可能。从事鼓动他人的专家皮特·罗威说：“说服他人有三项诀窍：建立关系、建立关系、再建立关系。”

要想建立这样的关系，你得培养起好习惯，以取得他人的信任，让他们心甘情愿、兴致勃勃地跟着你走。

下面我想再提几点看法：

**1. 问问自己：我真正想要的是什么**

确实，我们每个人都需要安全和健康，都向往爱情、幸福和事业成功。再仔细想想，我们还会发现一些普遍的价值，比如认可、威信、自由等。

但对其中的哪一项你情有独钟？每天早上醒来，你最先想到的是什么？又究竟是什么东西真正地在你内心回响？要是排除家庭、经济和地域条件的限制，你最想去做的又是什么？

想想这些问题，它们帮助你去理清你那至高无上的原因或理由。

**2. 将他人置于焦点之上**

有这么一则久传不衰的轶事：有一位年轻的女士，第一天参加了威廉·格莱斯顿的晚宴，第二天又参加了本雅明·迪斯雷利的晚宴。在19世纪末的英国，此二公可都是鼎鼎大名的政治家。“第一天我与格莱斯顿先生坐在一起，离开时我想，他可真是全英国最为聪明的人。”女士说，“但第二天我与迪斯雷利先生坐在一起，我却一下子觉得自己是全英国最最聪明的女人了。”

显然，迪斯雷利就有这么一种窍门，能将他人置于自己世界的中心，至少那天晚上他是这样的。这看起来有点像人为操纵，但不管怎样，总是双方皆大欢喜。对别人表示关注，别人乐意，你也高兴，这样事情就好办了。

所以，要有意识地优先考虑他人的愿望和需要。稍后我们还会具体谈到人与人之间追求的差异。不过在这里，我仍要提醒你，不要老想那些把你与别人区别开来的东西，而要多想想那些使你合群的事情，多想想怎样把这一基础建立起来。久而久之，设身处地的移情就会成为一种习惯，一种相当好的习惯。

3. **要及时夸奖别人**

作为一项古老的技艺，却常常陷入误用之中。真正诚实而善意的夸奖，会显露你对他人的钦慕和欣赏。看来人们并不缺乏，缺乏的是能诚心夸奖别人的人。

肯·布兰查德说："反馈，乃是奋斗者的早餐。"人们想知道，也确实需要知道事情该怎么做。

请关注一下那些积极行为和积极态度吧，你将会相信你所关心的人，同时，他们也会相信你。

4. **训练自己记住他人的名字**

能够叫出别人的名字，这是建立关系和说服他人所应迈出的重要的一步。

诚然，陌生人的名字常常使人过耳便忘。罗杰·道森曾经就怎样克服这一难题，在《有效说服的13种秘诀》一书中给出不少的技巧。其中最重要的一项是：在你与别人握手时，要注意对方眼睛的色彩。这促使你去作视线交流的同时也向你的大脑发出某种信号，把对方姓名储存到短期记忆中去。记了马上就用，用了方能记得牢。你不妨一试！

5. **要扶持他人**

技艺高超的说客，不论他们有没有说话，他们总能向对方发出一种信号，表明自己欣赏对方的能力。举例来说，明尼苏达矿业公司（3M）是一家销售额150亿美元的大型企业，它在创造发明方面声名鹊起，因为该公司鼓励它的技术人员将15%的时间花在自选课题上。它还为雇员拨出5万余元的专项补助，用以设计模型和检验方案。同时，它也允许员工自己组织公司，以帮助新产品的开发和推销。正是因为这样，在这里有录相带、清洗带以

及成千上万的各式产品被发明出来。而这家公司的管理人员却始终遵奉威廉·麦克耐特——一位经历半世纪风风雨雨的传奇式领导的教导:“要倾听每个有想法的人。”“要提倡自由的开发试验。”还有:“要是在别人的脖子上系根绳子,那你只能得到听话的绵羊。要给别人留有余地才行。”

6. **激发积极情绪**

说服的领导，总善于利用戏剧性的气氛来激发别人的积极情绪。所以，你可以做一些轻松的动作，如拍一下人家的肩膀，夸奖一下人家工作做得好；或者举行发奖仪式，对出色的员工进行公开表彰；甚至也可写个短条，表示赞赏。总之，要做得漂亮，做得出人意料。

鼓励情绪的另一种做法是设法激起别人对工作的兴致。要表现得热情洋溢，要强调工作的重要性。

7. **要对你的听众有所了解**

对你想要说服的人要有所考虑，要想想怎样才能使对方乐意听你说话。《影响他人的七项秘诀》一书作者埃蕾娜·朱克尔曾经谈到这样一件事：她曾想要某家大型杂志的主编采用她的录音带，以此作为杂志读者的辅助教材。她给对方寄去了磁带，但却几星期都没有回音。

后来主编向她要带子的文字材料。起先，她反应很强烈，告诉主编说，既然她已经收到带子，那只管认真去听就是了。后来，朱克尔说，她终于弄明白了一点：作为杂志编辑，她习惯于读而不习惯于听，这是理所当然的。对方确实喜欢“看”。

于是，朱克尔就给对方寄出了文字材料，两天时间不到，她们便达成了协议。“这对我是个很大的教训。”朱克尔写道，“我给她寄去的东西内容没问题，只是对于一个习惯于用眼阅读的人，我却给她寄去那些磁带，这种形式本身不可取。”

我们要知道，不同的人往往有不同的接受材料的方式。了解和掌握那部分内容，也会对你有所帮助。

**8. 培养你的幽默**

就在遭受枪击被送进手术室的时候，罗纳德·里根，这位词锋犀利的总统，在神志不甚清楚的状态中，仍然忘不了他的幽默：“我希望医生是位共和党人。”在危机的时刻，也许我们大多数人都做不到这样沉着和冷静，但无论在什么场合，都不要过于严肃刻板，这对我们肯定有好处。

当然，幽默也是因人而异的，这从传播和接受双方来说都是如此。你的听众既可以是“三个火枪手”或“莫特·萨尔”那样的喜剧演员，也可以是些特别的人，比如是圣地兄弟会会员，或者人类学家。

要想培养幽默感，我建议你这样做：

第一，要弄清楚你真正适合什么，是机智、幽默还是别的什么；可以让好朋友帮助你。

第二，考虑一下你的听众，弄清他们是些什么人，有哪些事能让他们发笑。

第三，建立时间表，并尽量与家庭、朋友、同事相处好。

第四，如果你以前的经历缺乏幽默，也不要操之过急，要慢慢来。

第五，要用幽默的热情点燃你的整个讲话，不要只顾开头和结尾。

第六，幽默要切题，千万不要矫揉造作。时刻要记住，最好



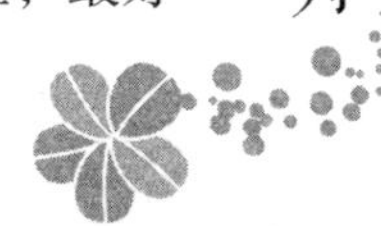

听的故事，就是你本人的故事。某种程度上的自嘲，永远会给人平易近人的感觉。

经常做这些辅助性的工作，不仅会使他人变得容易说话，同时也会使你变得更有说服力。幽默，能帮助你破除坚冰，对于那些正在人生战场上拼搏的人来说，更不啻是对自身尊严的确认，是相信最终必胜的宣言。

**9. 努力做一个更善于提问的人**

提问题可以使人觉得轻松自在。比如，要是有熟人跟你谈起奇怪的事，谈起新鲜事，我们往往会问上一句："真有那么一回事吗？"

确实，这里头有些事会很重要，否则，人家就不会跟你谈到它。所以，你最好是接着人家的话头再问上一句："对这些事你怎么看？""你以前有过类似的经历吗？""以后再碰上这些事，那该如何处置？"或者："我在想，我们可以从中吸取一些什么样的教训？"

这样一来，也许双方都会感觉良好，进一步开展对话和建立关系也就不难了。

**10. 要振作起来**

是的，说服是魅力的重要因素；是的，你对自己的观点感觉强烈；是的，你是再诚挚不过的人了；是的，是的，你正在运用四步说服技巧。

但是，真要是你失败了——对方仍然不相信环保的好处，不相信豪赌的坏处，或者没有买你的便携摄像机，或者拒绝给予减税——世界也仍然要照样运转下去。

只要你觉得自己的观点没错，那就重新振作起来。明天总是新的一天，你重新施展的机会也还有的是！

# 第十三章

## 各类性格人的特点及做事风格

# 理智型

理智型性格的人具有智者的智慧又具有仁者宽厚的思想，不管在什么情况下，都能冷静的面对突发事件或是居安思危。在舒服的今天去考虑明天、后天乃至今后的生活……具有这样性格的人，常常表现出稳重，有自知之明的神态，在需要隐藏锋芒时决不会自以为是，在利益冲突时，也能避重就轻。

这种性格的人，往往办事公道、是非分明，能主持正义，也能控制自己的行为，通常是自食其力，这样的人大部分都是独立自主型，除此之外，理智型的人还有另外一个最显著的特点就是重现实。

## 萧何——理智性格避祸端

伴君如伴虎，这是历代人臣留下的诠释。与虎为伴固然威风八面，但要知道，稍有不慎便会为虎所食。萧何是与虎共舞的高手，他虑事周全，谨慎洞察，非常理智。深知权大压主、功高盖主、才大欺主之道，所以他有意自毁其名，放纵自己，以求安身之命。

在封建社会，那些开国权臣能善始善终的为数不多。在这方面，做得最为出色的当属汉朝的萧何。萧何与刘邦早就相识，当时，刘邦做泗水亭长，萧何是沛县功曹，两人是同乡，萧何知识丰富，又十分熟悉法律，刘邦对他格外尊重和信服，刘邦每有什么处理不当的事，萧何总会帮忙指点，为他掩饰通融，因此两人的关系越来越密切。

刘邦自沛县起兵后，萧何一直跟随，刘邦差不多对他言听计从，楚、汉相争乃至汉朝开国的大政方针，几乎皆出自萧何之手，萧何可谓劳苦功高。萧何治理国家的确有一套，不久就“汉中大定”，百姓皆乐意为萧何奔走，萧何对刘邦的粮草供应也充足及时。史书上这样记载说：“楚、汉战争之始，汉王刘邦令丞相萧何留守关中，辅佐太子刘盈，治理郡县、筹集粮饷，自统大军东讨项羽。”当然，刘邦对萧何也不是毫无戒心，但他能较好地处理。

在楚、汉两军相持的艰苦阶段，战斗异常惨烈。刘邦却接连派出使臣返回关中，专门慰问萧何。对此，萧何未加多想，而门客鲍生却找到萧何说：“现今，汉王领兵在外，风餐露宿，备尝辛苦，反而几次派人前来慰问丞相，这是对丞相产生了疑心”。萧何一听，顿时醒悟，忙讨教应对之策，鲍生接着又献策：“为避免生出祸端，丞相不如在亲族中挑选出年青力壮的子侄，让其押运粮草，前往荥阳从军，这样一来，汉王就不会有疑心了。”理智的萧何依计而行，派了许多兄弟子侄，押着粮草，前往荥阳。刘邦听说丞相运来了粮饷，并派不少亲族子弟前来从军，心中大悦，传令亲自接见。当问到丞相近状时，萧家子弟齐道：“托汉王洪福，丞相一切安好，但常念大王栉风沐雨，驰骋沙场，恨不得亲自相随，分担劳苦。现特遣臣等前来从军，愿为大王效命。”刘邦非常高兴地说道：“丞相为国忘家，真是忠诚可嘉！”当即，召入部吏，令他将萧家子弟，量才录用。对萧何的疑虑，也因此而解。

后来刘邦还曾多次对萧何有所疑虑，都因萧何理智的性格而巧妙地化解了。但有一次也很危险，最后在门客召平的帮助下化解了。召平是个非常有见识的人，秦时为乐陵侯，秦灭后沦为布衣，生活贫困，靠在长安东种瓜为生，因所种瓜甜，时人称为乐陵瓜。萧何入关后，闻召平有贤名，才将其招至幕下。汉十年（公元前

197年）九月，陈稀叛乱，刘邦带兵征讨。韩信也乘机欲谋为乱。在萧何的帮助下，吕后设计擒杀了韩信。刘邦得知后，便遣人返回长安，拜萧何为相国，加封为五千户，并赐给了他五百人的卫队。众臣闻讯，纷纷前来祝贺，独召平前来相吊。

召平对萧何说：“公自此将有大祸了！”萧何一惊，忙问：“君何出此言？”召平道：“圣上连年征战，只有您安守都城，不冒风险。今韩信刚欲反长安，圣上已生疑心。给您加封、派卫队卫公，名为宠公，实则疑君，这不是大祸将临了吗？”萧何听后，恍然大悟，急问：“君言甚是，不知如何才好？”召平说：“公可让封勿受，并将私财取出，移作军需，方可免祸。”萧何点头称是，于是，他只受相国职衔，让还封邑，并以家财佐军。刘邦听后，疑心大解。

淮南王英布反，刘邦挥师南征英布。征战期间，刘邦多次派使臣回长安，问相国近来做何事。使臣回报说。”因陛下忙于军务，相国在都城抚恤百姓、筹办军粮等。”一门客听说了这件事，找到萧何说：“您离灭族不远了。”萧何顿时大惊失色，不知为何。门客又接着说：“公位至相国，功居第一，无法再封了。主上屡问公所为，恐公久居关中，深得民心，若乘虚而动，皇上岂不是驾出难归了？今公不察上意，还勤恳为民，则更加重了主上的疑心，试问如此下去，大祸岂不快要临头了吗？现在为您着想，您不如多购田宅，强民贱卖，自毁贤名，使民间说您的坏话。如此，主上闻知后，您才可自保，家族亦可无恙。”萧何照计施行，刘邦得知后，方安下心来。

刘邦平定英布后返回长安，途中有不少百姓拦路上书，状告萧何强买民田。萧何入宫见驾，刘邦将状书一一展示给萧何看，并道：“相国就是这样为民办事的吗？愿你自向百姓谢罪。”萧何见刘邦无深怪之意，一退下后，将强买的田宅，或补足价格，或退还原主，百姓怨言渐渐平息，刘邦也因此获得了好名声。

萧何因理智的性格才得以自保，在这一点上要比韩信不知高明多少倍。虽然我们不否认有人为因素在里面，但性格还是起决定作用的。如果不是萧何有理智的性格，真不知他的命运又将如何？

## 致命缺陷：理智缺少了激情

过分的理智就容易显得缺少激情。人若是没有了激情，把大家都变成机器人那么理智，生活还会有情趣吗？一个单位如果全部由理智型性格的员工组成，那这个单位将会变得冷冷清清，在这种环境里工作会使人感到压抑、少年老成、提前进入老龄社会。当今的中国是飞速发展的中国，人们希望有欢声笑语，有机智幽默；过分压抑会使人烦躁不安，那时人们会盼望有自由喊叫的空间，甚至盼望吵他一架有多痛快。所以，当我们欣赏公正、理智时，我们也不希望人们都不苟言笑、正襟危坐、金口难开……

理智型性格的人也应转变观念，重塑自我。否则，随着社会的发展，有朝一日也许会被淘汰。对待他人也不应该按自己的性格划线，见到朝气蓬勃的人、见到壮怀激烈的人、见到大声喧哗的人……别总是看不惯。世界是纷繁多彩的，也许满身缺点的人更有滋有味。尤其是当你谈情说爱时，缺少激情会让对方觉得索然无趣。

## 诠释：谁确定你的性格

到底由谁来确定你的性格呢？是你自己，还是别人呢？到底什么是性格呢？

如果你打开汉语辞典，辞典里这么写着：“性格是一个人所特有的感知事物与思考问题的倾向或性质。”看到这一解释，你也许会觉得性格原来就如此简单，可再一细想，你又发现似乎还留有许多弄不清的东西。

比如：确定“小李这个人是非常害羞的一个女孩。”究竟是她本人呢，还是别的其他人呢？也就是说，谁来确定你的性格？

有时候，我们会在不知不觉中做出某些似乎不是自己做的行为，或者会在做了某些行为之后却不愿承认，这不是常有的事吗？比如，自以为很热情大方，积极负责，但当自己做了觉得不合适的事时，马上就说：“不记得了。”所以，有时我们做出一些令自己都百思不得其解的事情。即我们有时候并不了解自己，所以需要借助别人来了解自己。

但是，从另外一个角度来说，自己的行为只有自己最了解，能够判断自己性格的，似乎只有本人……

那么，到底谁确定你的性格？你自己，还是其他人？

你自已！只有你自己才最了解你自己，只有你自己才能确定你的性格，别人只是你了解你自己的辅助手段。确实，客观地在你周围观察事物的其他人有时候会比你自己把你看得更清楚一些，但是，他们还只是辅助手段而已。

## 怀疑型

具有怀疑型性格的人生性多疑，对什么事都能草木皆兵，我们也时常能听到“以小人之心度君子之腹”的话语，这些都是对怀疑型人性格最贴切的描述。

万事多疑是一种不健康的心理，这种人往往以自我为中心，对一切都疑神疑鬼，就因为有这种多疑的性格，所以极不容易和人相处，更是很难接受别人的意见。

怀疑型性格的人是自我实现型、艺术型和自尊型。自我实现型通过对某些理论问题的怀疑和探索，从中享受到精神劳动的价值。艺术型通过对新的艺术流派的实验，从中享受到艺术创作的价值。自尊型在追求虚荣的过程中得到似是而非的满足。

## 生性多疑，棒杀亲子——伊凡

唯一的快乐是欣赏人被处死时的挣扎。

伊凡四世继任莫斯科大公时年仅三岁。他生性多疑、凶残，少年时代他最喜欢玩的游戏是将小狗小猫从塔楼顶上推下，欣赏其垂死挣扎时的惨状，从中取乐。伊凡不但乐于看动物死时的惨状，也喜欢欣赏人被处死时的挣扎。13 岁时他在舅父的授意下，下令将自己的保护人安德烈王公让狗活活咬死，然后暴尸宫门示众。15 岁时他下令割去一个贵族的舌头，“因为他说粗话”。

伊凡 17 岁时加冕，他不满足“大公”的称号，采用了表明有无限权力的尊号——“沙皇”（即皇帝，源于古罗马皇帝的称号“恺撒”）。加冕那天，伊凡戴上了据说是从东罗马皇帝传下来的皇冠（其实是仿制品），自称是罗马帝国的继承人。

伊凡四世在位 51 年，战争打了 25 年。1547 年，莫斯科市民利用“大火灾”的机会举行起义，打死了群众痛恨的大贵族格林斯基。伊凡四世乘机掌握了国家大权，提高中小贵族和商人的地位；他颁布新法典和军役法，强化了专制统治。

为了扩大领地，伊凡亲自率领15万大军去远征各公国，在攻打喀山城时，遭到抵抗，他甚至下令将几百名人质当作“肉盾牌”，让他们排在他的冲锋队前面，掩护部队进攻，待他攻至敌阵，即将人质刺死，然后冲入城内；城被攻陷后，又下令屠城。

在并吞喀山汗国以后，为了打入欧洲，与西欧列强争雄，伊凡四世开始准备用武力开辟一条贯通波罗的海的航路，为此，从1588年开始，他又同波兰和瑞典进行了长达24年的利沃尼亚战争。这场无休止的战争，对刚刚兴起的俄国来说可谓劳民伤财，使莫斯科处于四面受敌的境地。但是，伊凡四世却认为，为了取得出海口，即使花更大的代价也值得，因为“波罗的海的海水是值得用黄金来衡量的”。为了对付波兰、瑞典等国的反俄同盟，伊凡曾乞求英国的援助，甚至卑躬屈膝地向伊丽莎白女王的宫廷侍妇玛丽·哈斯汀求婚，并恬不知耻地开玩笑，他想退位后到英格兰去生活。

伊凡四世为了强化沙皇的权力，消除封建割据，他废除了总督制，将全国划分为两部分，一部分为普通区，为贵族组成的地方谘议机关“杜马”管理；另一部分为特辖区，受沙皇直接管辖。当时大贵族竭力的反对这项措施。伊凡为对付大贵族的反抗，从中小贵族中挑选1000人组成“特辖军团”，不久特辖军团又扩大到6000人。这支由伊凡特辖的部队，其成员装束特殊，他们身穿特制的黑袍，骑黑马，马脖子上挂着狗头，鞭柄上系着一把扫帚。表示他们将像狗一样忠实，把国家清扫干净。

伊凡亲率这支私人卫队血洗诺夫哥德区，在六个星期时间里将1000多人扔进沃尔霍夫河，将城市周围二三百公里内财物洗劫一空。

特辖兵团成立七年里，就有4000名反对派贵族被处死，无辜遭到连累的百姓达数万人。后来，特辖兵团的头头害怕事态扩大危及他们自己的利益，曾建议停止屠杀。伊凡怀疑他们不忠，1570年7月25日，在莫斯科惩办了他们。史学家记载这骇人听闻的场面：广场上架起了圆木断头台，升起了篝火，火堆上吊着一口盛满水的大铁锅，在一片阴森窒息的气氛中，沙皇伊凡身着全副甲胄威严地步入刑场，身后跟着杀气腾腾的特辖兵团队员，接着举行审判，沙皇命人列举第一个罪犯、特辖军创始人之一巴斯诺夫的罪行，下令将他判处“裂尸刑”，手持利刀的特辖队员三两下工夫就将他砍成碎块；第二个罪犯被当场用开水烫死；第三个罪犯处鞭笞刑……一时间，广场中充满了血腥和恐怖。

伊凡建立特辖区措施和利用“特辖兵团”摧毁大贵族的封建割据势力，在当时的条件下虽然具有加强俄罗斯统一的作用，但其所采取的手段却是令人生畏的。

伊凡凶暴残忍，为了将自己的继承人、太子伊万造就成另一个自己，他通过各种残酷办法加以培养，例如要太子跟他一起去欣赏行刑场面，有一次父子俩共同主持了对为沙皇提供毒药的御医的刑讯，这个御医被他的仇人们指控与波兰秘密通讯。父子俩认为御医不忠，命人将他捆在拷问架上，当时御医的四肢关节已被人拉脱臼，全身也被鞭打得遍体鳞伤。沙皇父子定要他供出同党，为了折磨他，下令对他用烘炙刑，浑身是血的御医被绑在一个木架上，放到火盆上面，火舌舔着他的后背，背后的皮肉随即冒着烟干瘪下去。

另一次，沙皇和太子并肩欣赏了对几个执拗的教士动刑。这几个倒霉的教士不肯把财产清单交给沙皇，伊凡命人把他们都带

进一个四面是高墙的院子，还“恩准”他们拿着念珠和长矛、然后他命人将供他消遣的一群饿极了的野熊从笼子里放入院内。饿极了的野兽向这几个教士冲去，抓住后从腹内掏出内脏。一个目击者说，那情景“就像猫吃老鼠一样”，父子俩既欣赏了这一令其心惊胆战的场面，又共同培养了兽性。

长期残酷的宫廷斗争养成伊凡四世冷酷无情的性格，又加重了他病态性的多疑，甚至变得神经失常。

1581 年 11 月 15 日，伊凡四世突然怀疑儿子伊万有抢班夺权的念头，狂怒之下从宝座上跳下来，举起铁头王杖朝儿子乱刺，太子额角上立即被戳穿一个洞，鲜血喷射而去，太子像一块木头似地摔倒在地。

伊凡四世一时如醉如痴，手里持着沾满血迹的棒杖呆立一旁，好像眼前这一切是别人干的。突然，他狂叫一声，伏在儿子身上，不停地吻着儿子那灰白的脸，但儿子已经两眼翻白。伊凡一只手猛捂那喷血的伤口，另一手紧抱那具僵直的身子……他惊呆了、绝望了，用刺耳的尖声喊叫：“不幸呵，我杀死了自己的儿子……”

沉重的罪孽终于使他精神失常。

太子死后，伊凡开始生活在绝望和歇斯底里之中。有一次，他看到天空出现了怪异云霞，认为这是上帝向他昭示死亡的征兆，不久就重病缠身，自知寿命不长。他吩咐大主教替他削发为僧，并取名约拿。从此以后，他非常害怕在没有忏悔、没有圣餐礼的情况下突然死亡。他从各地召来 60 名巫师和巫医，由卫队看管起来，沙皇每天派亲信别林斯基去了解并向自己报告这些人的占卜和预言。据说女巫们曾对别林斯基讲，天上最强有力的星宿都反对沙皇，她们还预言沙皇死亡的日期。沙皇狂暴地说，在这一天他要把星相术士们统统烧死。

据说，伊凡四世晚年为了拯救自己的罪过的灵魂，曾下令编写“失宠人员”（即被其无辜处死的人）名单。伊凡手里拿着笔，苦忆冥索，搜出那些久被遗忘的幽魂，记下他们受的各种酷刑。将他们的名字用大写字母列在羊皮纸上，然后，将死者名册和施舍的重金送往修道院，以便为他们祈祷超度。死亡名册是这样开头的：

“上帝，请记住，你在诺夫格罗德信徒的亡灵有 1507 人……（以后是一大串姓名）还有三人被锯断双手后死去……”

这样的死亡名册有几份，其中有一份人数有 3184 人，另一份人数有 3750 人。

究竟被他亲自下令处死的人数有多少，连他自己都记不清，直到死前几天，他还在不断追忆补充他那份“失宠人员”的名单。

伊凡四世生性多疑又独断专行，性情凶残而手段严酷，因而被称为“令人敬畏的”“恐怖的伊凡”——“伊凡雷帝”。

## 致命缺陷：多疑和嫉妒

虽然怀疑是科学家、哲学家发现真理的第一步，但如果把怀疑用到人际关系上，那就是走向失败的开始。而事实上多数怀疑型性格的人并没有成为科学家、哲学家，或者说事业有成者是少数，大多数人是普通人。他们之中又有少数人疑神疑鬼的倾向比较严重，称为多疑。这种多疑的人往往弄得家庭出现危机，而事业难有成功的机遇。

W 君就是一个多疑的人，在家因怀疑配偶有外遇而多年分居，又怀疑子女向配偶“告密”，变成“小特务”而与子女断绝联系。在单位由于多疑也给同事平添了许多烦恼。例如，有一天 W 声

称丢了钱，怀疑是同办公室的某人所为，于是正式报了案。公安机关为了查清事实，对与W同一办公室的所有人都进行了调查，结果发现W所指时间内同办公室的人不具备做案可能。于是向W提出有无其他可能。过不久，W发现原来钱夹在自己的一个本子里，这才记起是自己忘记了把钱放在了本子里。钱找到了，但给同事心灵上的伤害太大了，这一点W也很清楚，因此，找到钱反倒加深了W的精神压力，多疑倾向也变得越来越严重。

从上面这个例子可以看出，多疑其实就是自私、以自我为中心、自己至高无上。因为几个钱就怀疑朝夕相处的同事是小偷，这是高度自私的表现。所以多疑的人会失去所有朋友，也没人敢与其交朋友。朋友就是机遇，没了朋友也就没了机遇。

多疑的人自己并不轻松，常常感到压抑。那是因为他们自己与环境不协调，甚至是与环境对立，见谁都怀疑与自己过不去，于是神经高度紧张、情绪压抑。因此，多疑的人多有离群索居、自我封闭的倾向，到这种程度时就很难有成功的机遇。

怀疑型性格多伴有嫉妒。

嫉妒是一种心理活动，简言之，就是感到自己某一方面不如对方，或自己在某一方面受到了侵害。而认为自己不如对方或自己受到侵害时，可能事实确实如此，但大多数情况是无根据的怀疑。

嫉妒对爱情和婚姻的破坏性最大，热恋的情侣可能因嫉妒而分手、美满的婚姻可能因嫉妒而成为悲剧。这方面莎士比亚的戏剧《奥赛罗》描写的最为经典，剧中的奥赛罗由于受坏人挑唆，猜疑妻子达到妒火中烧的程度，最后残忍地将无辜的妻子掐死。妻子死后他才猛醒，发现上了坏人的当，发现失去了最美好的爱情与婚姻。但一切都已经晚了。几百年过去了，不幸的是，莎士比亚的故事在现实生活中仍然还在发生。

由嫉妒而导演的爱情悲剧使多少人失去了爱与被爱的机遇。而由于嫉妒还可以产生种种变态行为，导致种种悲剧。因此，培根说：“嫉妒也是最卑劣最堕落的情欲，所以嫉妒是魔鬼的本来特质。”面对这么无情的评语，还不该猛醒吗？

## 诠释：真是自己吗

性格有先天的因素，更有后天的培养和生活中的学习，那么，怎样去了解一个真正的你呢？

当别人问起你：“你是怎样一个人”时，你可能会很随意地回答，“我这人比较老实”“我这人喜欢安静”之类的话，这真的是你吗？

为此我们有必要去探知性格的一些内容，这将有助于我们重新发现自己。

心理学家巴甫洛夫说过：“性格是天生与后生的合成，性格受于祖代的遗传，在现实生活中又不断改变、完善。”既然性格更依赖于后天的教养，所以对性格的探究一定要深入生活，要以性格特征的表露背景为对照，才能较准确地把握自己的性格。而且要注意以动态的眼光审视更具有流动性和开放性的性格特征。

现在许多人下海干了几年后，回首自己下海前后几乎判若两人。吃大锅饭时，自己规矩沉闷，不爱与人交往；下海后变得活跃、自主，善解人意。

有人不明白自己为什么有时自暴自弃，有时又狂傲不羁。而这截然不同的表现其实可能出于同一性格特质。目空一切，有时

仅仅是因为怕环境不接纳自己而采取的自卫策略。有人误以为盲目地否定一切，就能显出自己高明，就可以避免他人的轻视，而怕自己被蔑视或自我轻视，在许多时候并无本质区别。人在自信时，是不会顾虑到别人是否会小看自己的。

有时同一显露的特征，也许根源特质不同。例如宽容，有些人的宽容是由于对人对事的充分理解，从而开拓了自己的心理容量；但有些人的宽容则是为了息事宁人，求得一时的平静安全，而他的不安其实来自他内心的多疑、恐惧；还有一些人生性温和，与世无争，或粗枝大叶，满不在乎，因而随和大度；另外还有些人是单纯幼稚，所以从不苛求或猜测他人，对谁都很友好。

性格是一个多面的魔术师，虽然魔法常在，但魔术多变，叫人眼花缭乱，这就是性格的动态特征。所以，在观察个性的时候，要把性格与人的生存背景作为一个整体来观察，在性格与气质、能力、兴趣、动机、行为的联系中透视性格，在多种性格特征的互动关系中理解某一个性格特点，要透过表象，究其根本。

另有一些潜在的性格特质只在特定的环境需求中才会爆发出来。

例如，有个小伙子一向认为自己没经过苦难的磨砺，吃不了苦，而且多愁善感，很脆弱。但没料到一次火灾抢险中，竟表现得十分勇敢、顽强。他四次冲入火海救出一位老人和三个孩子，事后他感慨地说："当时，什么也顾不上考虑，只想救出里面的人，听到呼救声和孩子的哭声，心都揪起来了。"平时被自己视为弱点的特质，可以借助环境将其转化为优点。

例如，敏感的人多善良，而且富于同情心，这种特点经特殊事件的刺激、强化，会转化为舍己为人的牺牲精神。

我们还可以沿着心理活动的动态那条纵线来把握自己的性格。在性格的动力系统中，动机是由欲望、需要而产生的目标追求。而多种动机中，生存动机是最基本、最强烈、最顽强的。诸多人曾挣扎于生死之门，最终不可思议地战胜了死亡，表现出超乎寻常的坚韧、乐观。有过这种出生入死经历的人，往往会惊讶地发现自己那含有巨大潜能的、从来不知道的性格优势。

兴趣动机是最有活力、最独特的，也是最富于表现力的动机。一些著名学者在回顾自己所走过的道路时常常会表达这样一种共识：我对自己的工作怀有极浓厚的兴趣，这是我一生从事研究的最大动力。这是因为兴趣常常伴随着探索的愉快，闪烁着奇光异彩，吸引着人前行。这意味着人被兴趣驱动时，是处在一种主动的心态里，不但目标明确，而且常有新意，思维开阔，情感舒畅，没有超负荷的劳累，也没有名利场中的贪婪。人为兴趣行动时，遇到困难，会心甘情愿地付出努力，而且越艰苦越能激发人的决心和意志。所以兴趣实在是一种优质的动机，纯真、自然、执着、多彩，因兴趣而设置的目标，实现的几率很高。如果以兴趣为线索可以发现非常丰富的性格特质，而且多是积极、正向的。当然也有人只求有趣，而不肯付出，结果也只能是因缺少毅力而以失败告终，这是不可取的。

作为心理历程的要素，欲望、需要、动机、认知、情感、意志、行为之间是互动的欲望。需要引发动机，动机导致认知，认知激起情感，情感化为意志，意志促成行动；反过来行动也会锻炼意志，意志也会产生情感，情感也会改变认知，认知也会萌发动机，动机也会刺激欲望。

如果一个人本能欲望较低，那么他可能更看重精神，不贪图

物质享受，有强烈自我实现的意识，是一个思考型的人。他感觉敏锐，好奇心强，喜欢沉思，爱幻想，有自知之明。这种人的需要往往不大现实，而内心世界丰富，是个理想主义者。他们善于发现潜我的需求，不易受环境的左右，心境平和安宁、坚定、自制力很强、清高，遇事冷静、超脱，生活简单、随便、不怕苦，也喜欢单独做各种尝试：探险、旅游、阅读……在自己认为有价值的事情上慷慨、执著、着迷，甚至将其视作生命，有时可能显得不近人情、行为怪异。

也可以从行为看动机、欲望。如一个敢做“出头鸟”的人，为了事业废寝忘食，活动节奏快，做事雷厉风行。他有知己的朋友，但不多；他能与多种性格的人打交道，敢向传统挑战，不畏人言，能适应变革的社会环境，有很强的社会责任感，在重大事情上清醒果断。他坚强、独立、勇敢、自觉、有毅力；情绪高昂、稳定；善于观察，思想深刻，富有预见、创造性，时间观念强。他可能怀有为信念牺牲生活的终极人生态度，重视自我形象和自我设计，锐意进取、目标明确、支配欲强。在这种动机取向的支配下，其需要和欲望就会含有强烈的自我表现欲、创造欲，有很高的自尊和成就需求，乐于寻求刺激，敢于冒险。

还可以从心理活动的程序中抽取几个环节来观察性格，比如从认知、情感、意志三要素的角度分析一个思维敏捷的人，其认知特征可能是活跃，富于想象，容易接受新观念和新的生活方式，没有明确的自我设计，兴趣广泛，现实自我与理想自我不分高低，知足常乐，做事很少后悔，自我欣赏；由于对体验深刻的情感，能够记忆犹新，因而他的情感可能热烈而多变，整个人生机勃勃，精力充沛。这类人对突发事件反应强烈，易冲动，但事过愁消，所以食欲好，入睡快，生活讲究，随心所欲，既能适应现实，也能不时地“领导新潮流”。一般说来，他们热爱生活，喜欢孩子，愿意与人交往，走到哪儿都有朋友，参与社会的需求强烈，爱管闲事，工作热情度高，自我克制差，敢创新；但难坚持，有时因可以选择的取向太多，犹豫不决；如有新环境能较快地入乡随俗。

每一个人的性格特点都有其深广的特征背景，只有沿背景联系找到其特点才能使人了解它为什么是这样，它会在现实中产生怎样的连锁作用。这样，我们就可以选择最合适的方法保护这个特点，发展它或改变它。

了解这些关于如何把握性格特征的知识，将对你去了解和掌握自己的性格大有裨益。

## 信赖型

信赖型性格的人是社会型，即全身心地为他人、为社会服务，从中得到满足，并感受到奉献所产生的价值。信赖型的人性格随和、宽厚、富于同情心、能理解人、体贴人，把为他人服务当作最大的乐趣，把关心爱护他人作为高尚的职责。

信赖型的人往往把“用人不疑”做为自己的座右铭，这种做法恰到好处，可能会对自己大有益处，要是误识千里马，可能会给自己带来不可估计的后果。但属于此性格类型的人往往忽略了这一点，在这种类型人的大脑里，没有顾虑，没有担心这些说法，所以从另一方面，这种性格类型的人看上去往往比别人要洒脱些。

## 宽容大度，留美名

1942年3月11日夜，麦克阿瑟奉命撤离菲律宾科雷吉多尔岛前往澳大利亚，临行前，他向留在巴丹半岛负责指挥的乔纳森·温赖特少将告别，并赠给温赖特一盒烟和两瓶剃须膏作为告别的礼物。他握着温赖特的手，心酸地说："守住这里，直到我回来和你会合为止。"

麦克阿瑟撤离后，随着巴丹半岛形势的进一步恶化，麦克阿瑟又从澳大利亚命令温赖特：在任何情况下都不能投降。同时，他向马歇尔报告，他准备返回巴丹半岛，亲自率领部队反击。

但事与愿违，温赖特于5月6日被迫下令在科雷吉多尔升起白旗，向日军投降，为了使科雷吉多尔岛上11000人免遭日军的屠杀，温赖特于第二天命令整个菲律宾的美国部队全部停止抵抗，温赖特将军作为俘虏被押送日本。麦克阿瑟知道后，极为愤怒，认为温赖特没有做任何努力就投降，是不可原谅的。

1945年日本投降后，麦克阿瑟于8月30日作为驻日盟军总司令，首先到达日本。他最为关心盟军战俘的命运，特别是没有忘记在巴丹半岛和科雷吉多尔的困难日子里朝夕相处的温赖特将军。第二天，他就命令专机将监禁在中国沈阳的温赖特送到东京。

9月1日下午，副官向麦克阿瑟报告说："温赖特将军到。"麦克阿瑟听后立即放下手中的工作，冲出他的办公室，穿过大厅，去迎接向他走来的那个面黄肌瘦的人。温赖特憔悴苍老，步履艰难，用手杖支持行走，两眼深陷，面额瘦削，满头白发，麦克阿瑟不等进行诸如敬礼这样正式的礼节，就一把抓住温赖特的手，半拥半抱地搂住他的肩膀。此时，温赖特激动得说不出话来，眼睛湿润了，却尽力做出微笑的样子。三年来，他一直为放弃科雷吉多尔而感到耻辱，认为麦克阿瑟不会再信任他，更不会授予他现役指挥权。但麦克阿瑟却极为宽容，诚恳地对温赖特说："只要你愿意，你的老部队仍然是你的。"麦克阿瑟信赖他人的性格让温赖特感动得热泪盈眶。

9月2日上午，温赖特又被麦克阿瑟邀请参加"密苏里"号举行的具有历史意义的投降仪式，并站在麦克阿瑟身后的荣誉位置上。麦克阿瑟在投降文件上签字时曾用过5支笔，他把其中的一支钢笔送给了温赖特，并说："做为永久的纪念吧。"

温赖特将军后来回忆说："麦克阿瑟将军的宽容大度和对我的信赖，使我终生难忘。"

## 致命缺陷：忠厚有余，机智不足

社会越复杂越需要应变能力强的人担当重任。而信赖型性格的人忠厚有余、机智不足。人是好人，但承担太大责任仅仅是"好人"是不够的，这无疑会影响事业的发展。

信赖型性格的人对复杂的社会环境的适应能力也令人怀疑。把复杂的事情想得太简单，或者没有能力想得复杂，往往处理问题简单化，造成"好心"办坏事的局面。尤其在市场经济条件下，"好心"是不值钱的，一旦造成重大经济损失，"好心"就显得苍白无力。这也局限了信赖型性格的人的发展。

## 诠释：你是独一无二的

我们天生就有着与兄弟姐妹不同的组合特征。多年来，上帝在不断塑造我们，不断用刀削，用锤打，用砂纸磨，用皮革擦。

当我们以为自己是完成品时，其他人又开始重塑我们了。偶尔我们可以在公园里过上开心的一天，大家经过时都敬慕地轻拍我们，但有时，我们也被嘲笑、分析或忽略。

我们生来都有自己的性情特征，自己的组合材料，就像各属某种岩石。我们有些是花岗岩，有些是大理石，有些是雪花石，有些是沙石。我们的岩石种类不可改变，但外形却可以选择，我们的性格亦是如此。我们有一套与生俱来的特质，其中某些特征犹如金子的点缀而变得完美，而另一些则被断层所破坏。我们的环境、智商、民族、经济环境和父母的影响都能塑造我们的性格，但内在的本质却改变不了。

气质是“真我”，性格就像我穿在外面的衣服。早上对着镜子，我看到自己一张平凡的脸，一头直发和丰满的身体，这就是真的我。很庆幸，在一小时内我可将脸化妆得很明艳，可用发卷将头发弄卷，可穿上漂亮服饰来掩饰过多的曲线。我已将“真我”粉饰，但永远不能改变外表底下的“真我”。

假如我们能了解自己：知道我们用什么制成？知道我们真正是谁？知道为什么我们会对事情有如此的反应？知道我们的优点及如何利用？知道我们的缺点及如何克服？我们都能够知道！当我们知道自己是谁，为何会有现在对事情的反应，我们就可以开始了解“真我”，改善自己的性格，并学会如何与他人相处。我们并不准备去模仿别人，穿更好的衣服，戴新的领带或抱怨自己的本质，相反，我们会竭尽所能去利用现有的本质。

近年来，制造商已使用许多方法来复制一些一流的雕像。在任何大礼品店里，你都能找到无数的大卫像，成行的华盛顿，成列的林肯，一模一样的里根和克娄巴特拉。仿制品很多，但只有一个你。

试问你们中有几个人有米开朗基罗的艺术细胞？有几个人将其他人看做原材料并准备将他们雕刻。有几个人能认为，只要有人能听从你智慧的忠告，至少有一个人会被塑造成型？

他是否想听从你的忠告？

假如能改变他人就好了。

我们时常听这样的话。

有一次，一个朋友讲起她的故事来。如果能改变他就好了，费特和我的婚姻就会更完美，因为我们从一开始就想相互改变。我知道若他能放松一点并更富娱乐性，我们就会有一段美好的婚姻。但他却严肃并有条有理。在度蜜月期间，我发现自己和费特甚至在吃葡萄上都意见各异。

通常，我喜欢拿一大串葡萄放在身边，然后顺手摘下便吃。直到我和费特结婚，我仍未意识到有“葡萄规则”的存在。我没意识到生活中每一个简单的享受都有所谓的正确方法。费特首次提出”葡萄规则”是在我坐在百慕大剑桥沙滩别墅外，望着大海，漫不经心地吃着一大串葡萄的时候。直到费特问我喜不喜欢吃葡萄时，我才意识到他正在分析我毫无规则的吃葡萄的方法。

“哦，我太喜欢了！”我说。

“那么我想你是愿意知道如何正确地吃它吧？”费特答道。

这话破坏了我的浪漫美梦，我于是问：“我做错了吗？”这话也就成了我们以后生活常规的一部分。

“你并没有做错，而是没有做对。”我看不出这有什么区别，但我用他的方式问道：

“怎样做才对？”

“大家都知道，正确吃葡萄的方法是：一次摘一小串，就像

这样。”费特拿出他的指甲剪剪下一小串葡萄，放在我面前。

他站在我身边，沾沾自喜地俯视着我，我问：“这样葡萄尝起来难道会更鲜美？”

“与味道无关。这样会使那一大串葡萄能更长久地保持其外观。看你吃葡萄的方法——这里抓一个，那里摘一颗，把它弄得像残骸般。看看，你把它糟蹋成这个样子！……秃枝到处都是，它们破坏了整串葡萄的外观。”我看了一眼四周，看看有没有躲起来的“葡萄判官”等着加入葡萄审判。但是没有任何发现，我说：“谁会在乎？”

我当时并不知道“谁会在乎”是不能对费特说的，费特因此涨红了脸，他失望地说：“我在乎，那就已经足够了。”

费特确实看重生活中的每个细节，而我的存在的确破坏了“整串的外形”。为了帮助我，费特非常乐意去改变我。我并没有感激他的智慧，相反我尽力破坏他的计划而且偷偷将他改变，向我靠拢。多年来，费特不断改造我，我不断改造费特，但始终我们谁也没有被改造。

直到最近我们查阅了有关这方面的资料，才看清自己在干些什么。我俩都在改造对方，而且没有意识到别人可能只是有别于自己，并非是错误。我发觉自己是活泼型，喜欢有趣及刺激；而费特是完美型的人，希望生活严肃且有条不紊。

当我们开始进一步研究气质时发现，我们都在某种程度上很像力量型的人，总觉得自己什么都是正确的，什么都懂，难怪我们相处不了呢！我们不但在性格及兴趣方面相对立，而且我们都认为只有自己才是正确的。你能够想象得出这样的婚姻吗？讲完这些后，朋友长长的叹了口气说，现在我们好多了，因为我们知道我们不可能改变对方，所以我们现在过得很好。

是啊，你只是你自己，不要想着去改变别人什么。

## 敢为型

勇气是人类的标志，是真正性格的产物。敢为型性格的人就具有这种特征。敢为型的人通常都好奇心特别强，敢于冒险，大部分人好冲动。

这种类型的人最大的缺陷就是粗心大意，比较轻浮、莽撞，和这种类型的人相处，你能充分感受到他们的感情。

敢为型性格的人属于支配型、经济型、独立经营型和能力型。支配型通过大胆指挥实现价值；经济型敢冒投资经营的风险追求最大利润；独立经营型用决心和勇气突破创业的艰辛，用成功证明自身的价值；能力型凭藉自己的特长在赛场上争得好名次实现自身价值。

支配型的职业方向是军界、政界，可以成为开拓型领导；经济型的职业方向是大中型企业的总裁以及刚刚起步的企业的创业者；独立经营型则是大大小小的私有经济老板；能力型可能包括各种项目的运动员、探险家等。他们的共同特点是敢于挑战市场，敢于冒各种风险去获取胜利。

### 锐意进取——皮尔·卡丹创名牌

敢为型是一种带有挑战色彩的性格。具有这种性格的人不拘泥于当前现状，有着超乎常人的意志力和毅力。他们顽强进取，

不达目的誓不罢休。皮尔·卡丹的成功，完全是他敢于进取，努力开拓的结果。

在法国有 4 个名字在全世界最响亮：戴高乐、艾菲尔铁塔、皮尔·卡丹和“马克西姆”餐厅。而这 4 个最响亮的名字当中，竟然有两个与皮尔·卡丹联系在一起。

今天，皮尔·卡丹的名字不止在法国，而且在全世界各个角落都很有名气。“皮尔·卡丹”是名牌、品牌、身份、服装，由此构成了一个庞大的“帝国”。这个“帝国”包括服装、餐饮、家具等企业集团，它的触角早已伸向世界各地。这个庞大的”帝国”的主人是年逾古稀的皮尔·卡丹。这个“帝国”机构齐全，它拥有自己的银行、码头、工厂，涉及人类社会生活的方方面面，实行了产、供、销一条龙的经营策略。目前，全世界有 90 多个国家生产皮尔·卡丹产品，至少在 185 个国家设有 5000 多家商店，这个“帝国”在全世界大约有 18 万职员。

皮尔·卡丹不但是服装业的巨子，而且还是餐饮业巨子。他曾经自信地宣称：”我将把法兰西的两大文明——服装与饮食，都操纵在自己手中。”皮尔·卡丹没有吹牛，他名下的“马克西姆”餐厅和皮尔·卡丹时装一样遍及世界各地，一样名扬天下。这个“帝国”拥有几百亿法郎的资产，皮尔·卡丹本人则是欧洲第九富豪。皮尔·卡丹为世界上许多国家的政界要员（如英国前首相撒切尔夫人、美国已故总统肯尼迪的遗孀杰奎琳等）商贾巨富设计制作服装。

皮尔·卡丹无疑是当今世界上最出色的经营大师之一。人们称他是一位经营天才、设计天才。他的经营理念已形成了一种独特的理论体系。和所有商界的成功者一样，皮尔·卡丹的成就是多种因素促成的。企业家的素质、机遇的把握、经营者的天赋等都是促成皮尔·卡丹成功的因素。同时，我们也可以从所有的成功者身上发现一个共同的性格特征，这就是永不满足、不断开拓进取，甚至冒风险，不断挑战自我、挑战人生。

诚然皮尔·卡丹的成功有许多经验值得人们研究，但他不安于现状，不断开拓进取的性格，却是值得我们认真探讨的问题，也是他成功的因素之一。

个性开拓进取的皮尔·卡丹，在他的事业上始终保持着如日中天的势头。不断进取、不断开拓创新，使皮尔·卡丹获得了极大的成功，要了解他必须先了解他的这种个性。他这种个性转化成他经营实践中的创造性。众所周知，皮尔·卡丹的一切成就，都是从服装开始的。

皮尔·卡丹出生在意大利，没上过几年学，后来随父母来到法国。18 岁时，皮尔·卡丹独自来到巴黎闯天下，当时他身无分文。他最先在一家服装店当学徒。从此，皮尔·卡丹便与服装结下了不解之缘，也由此改变了他一生的命运。皮尔·卡丹虚心好学，尤其他在服装设计上具有特殊的天赋，可以说是一个天生的服装天才。他很快便掌握了服装的设计技巧，在具有“世界时装之都”之称的巴黎服装界有了一点儿名气，一些达官贵人、太太小姐都知道了这个名不见经传的年轻人，都愿意请他设计加工服装。

皮尔·卡丹知道自己文化水平不高，他一方面努力工作，另一方面利用一切时间学习。他有幸接触到了一些著名作家、艺术家，使他大开眼界。更大的收获是使他对服装有了新的认识和理解。他站在新的高度上为别人设计服装，使自己设计的服装更加“高尚、大方、优雅”。

1950年以前，皮尔·卡丹先后在巴黎两家较有名气的服装店工作，把自己原来学到的知识充分地应用到实践中。他的悟性以及在服装上的天赋，在这两家服装店得到了充分的体现。穿着讲究、挑剔的巴黎人逐步接受了皮尔·卡丹，他的名气也一天天大起来。尤其是在著名的服装店工作，接触的人和物、接触的思想与普通的服装店自然不同，使皮尔·卡丹获益匪浅。

但这一时期的皮尔·卡丹仍然是受雇于别人。在他的设计技术和思想日趋成熟的时候，他决定自己闯天下，自己干一番事业。1950年，28岁的皮尔·卡丹创建了自己的服装公司，当皮尔·卡丹只身一人闯荡巴黎服装界时，面临的困难也是相当大的。首先是来自竞争的压力。当时的巴黎服装店、服装公司比较多，可是真正称得上高级时装的公司只有三十几家，皮尔·卡丹的小公司不仅名不见经传，而且也没有雄厚的资金实力。任何一种事业的成功都离不开创新性和创造性，创新性、创造性不断为事业的发展注入活力。尤其服装行业更是一个充满挑战性的行业，日新月异，几乎每时每刻都在发生变化，如果没有创新性和创造性，不仅难以生存发展，而且很快将被淘汰。皮尔·卡丹在创业初期的经历更能说明这一点。他的创造性和他那天才的商业天赋，逐步使他站稳了脚跟。

皮尔·卡丹在自己的事业刚起步时便为自己选择了一个全新的定位。当时，各大服装公司，特别是那些高级时装公司，都把目光集中在了人群中属于少数人的达官贵族、名门显宦、富豪巨商及其太太、小姐们身上，皮尔·卡丹没有同高级时装公司在富人身上展开竞争。他认为，即使是高级时装，也应为普通群众服务，在普通人中开辟市场，因为普通人群市场毕竟比高级人群市场要大。尤其是第二次世界大战以后，法国妇女纷纷都走出家门，她们就业机会的增多意味着购买力的增强。皮尔·卡丹独辟新径，不蹈前人之覆，经营策略主要是面向更多的普通消费者，计划在普通消费者身上打开市场。于是，他破天荒在法国提出了“时装大众化”的响亮口号。与这种创新精神相适应，皮尔·卡丹在经营上也采取了别人不曾采取过的营销策略。比如，当时有一些大商人，为了防止自己的名牌“砸锅”，严格、谨慎地使用自己的商标。而皮尔·卡丹则不然，他则出售、转让自己的商标和品牌，从中提取利润。这种营销方式，一方面扩大了皮尔·卡丹及其产品的知名度，同时也给他带来了丰厚的利润。

皮尔·卡丹在做服装生意上是一个非常有头脑的人，他没有墨守成规、按规矩办事，而是在不断谋求新的道路，新的经营理念，始终在开拓创新迎接挑战。从1953年开始，皮尔·卡丹便大胆地向女性服装领域进军，皮尔·卡丹专门为女性设计生产了一系列风格高雅、质料价格适中的女式成衣，受到占人口绝大多数的社会中下层女性的欢迎。他的这种营销策略再一次为他赢得了更大的市场和声誉，一时间他的产品供不应求。皮尔·卡丹将高级时装平民化在法国社会引起了各种非议。多少年来，服装是身份的标志，是地位和等级的象征，尤其是那些贵夫人、小姐、太太们，只希望时装成为她们的专利，不希望成为更多的社会中下层女性的日用品。此外，那些一直甘愿为所谓上层社会女士服务的服装设计师也对皮尔·卡丹的做法非常反感。认为他是离经叛道，甚至认为他的举动伤风败俗。巴黎服装业的保护组织因为这件事，把皮尔·卡丹开除了该组织。当然，这种“惩罚”多少给皮尔·卡丹带来了一定的损失，但这仅仅是他前进道路上的一个小小的挫折。他的进取与开拓性格不但没有改变损伤，反而使他进一步思考，准备进军更加新颖的领域。很多的成功者都具备这种性格，只不过在皮尔·卡丹身上表现得更加明显而已。

皮尔·卡丹不仅没有“痛改前非”，而且在“离经叛道”上越走越远。他在女式服装领域制造的这场风波尚未平息的时候，他把目光转向男式服装领域。应该说，这一举措比他在女装的举措更大胆，更具有开创性。因为传统的法国人始终认为，服装是女人的领地，传统的观念一直认为，服装是女人体现价值、体现美丽和魅力、取悦于男人的“外包装”。男人也有自己的服装，但与女装不可同日而语，更不能和女装相提并论。在服装世界里，没有“半边天”的概念。这虽然不是戒条，但也很少有人愿意涉足男装领域。所以，涉足男装领域要冒“天下之大不韪”的风险，同时，也从一个侧面说明，这也是一个前景广阔的领域。皮尔·卡丹生性不怕冒险，敢于开拓进取，把一切陈规陋习抛在脑后，原本设计女性时装的皮尔·卡丹大胆的推出了与女装一同争奇斗艳，同样五彩缤纷的男式服装系列。

皮尔·卡丹又一次在法国时装界制造了前所未有的轰动效应。在那些往昔曾经是女性时装一统天下的服装橱窗里，男式服装也取得了一席之地，而且影响越来越大。男式服装的风潮迅速在法国乃至欧洲蔓延开来。皮尔·卡丹不满足现状，不断思考，寻找新的商机，也在不断地挑战现实和传统，挑战自我。由此可见，皮尔·卡丹的发家史、奋斗史实际上也是他的不断开拓、不断进取、不断创新的历史。

继女装、男装走向大众化之后，皮尔·卡丹又把广大儿童为服务对象，生产了儿童服装。在不断创新过程中，皮尔·卡丹逐渐形成了自己的时装风格，即色彩明快，线条简洁，具有强烈的雕塑感。1961 年，皮尔·卡丹首次推出了“流行装”，又一次轰动时装界。皮尔·卡丹不断开拓，从未停滞不前，他的事业规模在他的开拓下不断扩大。皮尔·卡丹的商业帝国名副其实地建立起来了。

皮尔·卡丹的事业如日中天，但他又开始面临双重挑战：服装设计和生产的创新性，市场领域的不断开拓。如果没有市场，他的事业发展就无从谈起。他是服装设计大师，也是经营大师，如同他一样，他对市场的开拓，常常出人意料。他的经营策略，和他的服装一样具有开拓和进取的意义。他把经营目光对准了各国市场，这也正体现了他那开拓进取的个性。可以说，皮尔·卡丹所占领的市场具有世界意义，更说明了开拓进取，敢为的个性。

早在 1978 年，皮尔·卡丹就已经计划进军中国这个广阔的市场。但当时的中国百废待兴，尚未进行改革开放。皮尔·卡丹决定到中国来开拓市场，其拓荒者的勇气和胆识确实非凡。当时，好多人对他好言相劝，说中国没有时装，是文化沙漠。的确，当时中国人服装不仅单调，而且基本没有什么样式可言，更谈不上服装艺术。可谓只有服装，而没有时装。但皮尔·卡丹坚信中国是个大市场，认为这个市场前景光明。1979 年春天，皮尔·卡丹以大师的气魄和胆略，在北京、上海举办了时装展示会。他不仅带来众多令中国人眼花缭乱的各色服装，而且还带来了一支服装模特队。这支由 8 名法国女郎和 4 名日本男女模特组成的模特队，在中华人民共和国的历史上留下了深刻的记忆。

根据中国当时的实际情况，皮尔·卡丹带来的模特队还不能公开演出，只能搞“内部观摩”。人们的思想观念还接受不了这

种“新生事物”，因此演出过程中出现了一段小插曲。一位中国官员在演出后台发现，这些模特不分男女，每个人只穿了一件三角裤，出出进进，毫无顾忌。这位官员根据中国的国情，站在中国传统观念的立场上，认为这种场面实在“不合体统”，有伤大雅，便“好心”让人在更衣室内挂上了一扇窗，将更衣室一分为二。皮尔·卡丹知道后，对这位官员解释说：“我们的男女模特一直是在一个房间内换衣服，没有什么不方便，这是一种职业。作为一个服装设计师，要像外科医生一样，了解模特的体形。对不起，请把那个帘子撤掉，这是工作。”这件事今天看来颇感好笑，当然也不会再有这种情况发生，可是在当时，发生这种事的确不足为怪。

皮尔·卡丹此次中国之行的确没取得太大的商业成效，但作为第一个在中国举办时装展示会、举行时装模特演出的世界级的时装设计大师，他的胆识和气魄无疑为他赢得了广泛的敬佩，他所产生的影响却是无法估量的。这就是皮尔·卡丹，唯有皮尔·卡丹才有这样的性格。因为这需要有绝大的勇气和开创精神。

皮尔·卡丹的性格决定他不断开拓，不断进取向新的领域发出挑战。这更是别人不理解他的地方。在皮尔·卡丹的事业蒸蒸日上、如日中天的时候，他毅然斥资150万法郎，买下了位于巴黎闹市区有着悠久历史的“马克西姆”餐厅。他的这一举动在世界范围内引起了巨大的轰动。人们佩服皮尔·卡丹的胆量和勇气，更替他捏了一把汗，认为他在功成名就时，没有必要去冒险收拾“马克西姆”这个残局。人们的这番好意是可以理解的，却忘记了人类命运必须遵循一个原则，即命运之神并不关照世界上的任何一个人，幸运的天平只会倾向于不断进取的人，成就的取得与维护同样需要奋斗。

看看皮尔·卡丹的奋斗历程，我们不难发现，他不靠命运，靠进取；不靠偶然，靠争取。也正是在这种前提下，皮尔·卡丹走向成功，走向辉煌。锐意进取，敢为的个性，促使皮尔·卡丹进入了新的商业领域，去开创新的辉煌。但值得注意的是，皮尔·卡丹每一次大胆的行动都是建立在他的智慧、精明、魄力、韬略基础之上的，他有个性，有进取心，但他从不做无谓的冒险，每一次重大的选择，他都经过深思熟虑，从不冒险。

皮尔·卡丹是经营大师，深谙经营之道，他所以买下“马克西姆”餐厅，是因为他看到了该餐厅的弊端与不足。法兰西民族向来以讲究吃穿而闻名。因此“马克西姆”餐厅则以自己的豪华与贵族气派赢得了声誉。但是，随着时间的推移，人们生活节奏的加快，人们没有更多的时间，花费更大的精力，坐在高档的餐厅里悠闲自在地品尝一顿颇有“贵族情调”的法国大餐。况且，这家餐厅价格昂贵，根本不是饮食最大消费对象——平民百姓光顾的地方。所以“门前冷落车马稀”，昔日的尊贵在今天彻底失去了意义。

皮尔·卡丹在时装设计、生产、经营获得的经验和启迪，采取了与经营服装几乎如出一辙的策略：卸去捆在餐厅身上的贵族枷锁，变阳春白雪为下里巴人。他和经营服装一样，让餐厅“放下架子”，成为平民百姓都有能力光顾的场所。已经归属皮尔·卡丹名下的“马克西姆”餐厅没有改名换姓，但其服务、饭菜口味、价格体系等，却发生了脱胎换骨式的变化。餐厅的局面大为改观，冷冷清清的店面变得红火热闹起来。皮尔·卡丹很懂得消费者的心理，因此他在接管“马克西姆”餐厅后毫不犹豫地转向大众化，又在服务质量上严格要求。通过服务，赢得消费者。比如，在所

有的“马克西姆”餐厅里，都摆放着一些类似打火机、香烟盒、小饰物等，上面印有“马克西姆”的标识，分别赠送给不同身份和爱好的消费者，这种做法不仅体现了一种温馨，而且还使消费者不知不觉为餐厅作了广告宣传。皮尔·卡丹在激烈的商业竞争中取得了不容别人小视的地位，逐渐成为他的商业“帝国”一大支柱。

皮尔·卡丹有进取开拓的性格，也有接受新生事物的思想。在接收“马克西姆”餐厅时，他已年届六旬，但他思想不守旧，这也正是他事业一直保持蒸蒸日上的重要原因。他从美国快餐连锁经营中得到启发，陆续把他的“马克西姆”餐厅推向世界各地。这次皮尔·卡丹仍就没有忘记中国这个大市场。1983年，皮尔·卡丹把他的“马克西姆”餐厅开设到了中国，远比美国的“麦当劳”“肯德基”进入中国的时间早得多。

和许多成功者一样，皮尔·卡丹经历过少年时代的苦难，这对他性格的形成产生了决定性的作用。他自幼饱受贫困痛苦的磨难，留给他印象最深的是，每一块面包都得来不易。生活的艰难与不幸在皮尔·卡丹幼小的心灵里，播下了自强不息、坚强不屈、不断进取、努力上进的种子，同时形成了他那特有的性格。他一直努力工作，从不讲究享受和奢侈，生活简朴的程度是别人难以想象的。如今，皮尔·卡丹年事已高，但仍然勤奋工作。许多人对这位亿万富翁不理解，拥有十几亿美元的资产，偌大年纪，还一直拼命工作，为的是什么呢？每逢这时，皮尔·卡丹只是淡淡地一笑，依旧全身心地投入到他的事业和工作中。皮尔·卡丹永远不会满足现状，如果满足的话，那他就不是皮尔·卡丹了。

勇于开拓进取的皮尔·卡丹准确地握着自己的命运，锐意进取的性格促使他创建了自己的庞大的商业帝国。不知疲倦永不停歇的皮尔·卡丹的下一个目标是什么？我们期待着他的成功！

## 致命缺陷：好冲动，鲁莽

敢为型人致命的缺陷表现在以下几个方面：

**1. 冲动**

敢干与好冲动是孪生兄弟，很难辨清哪个行为是勇敢，哪个行为是冲动。敢干是勇敢，值得称赞；冲动是不理智，令人反感。

人在冲动时，理智不能控制其语言和行为。因此会说出伤人的话、泄密的话、违反政策的话、侵犯人权的话，等等。更严重者，还会干出超出常理的事。这些会使已有的成绩付诸东流，原本良好的公众形象受到破坏，本该结婚的恋人可能因此分手，本该晋升可能因此作罢，本该财气兴旺的因此转向萧条了，总之，各种机遇都可能因一次冲动而丧失。

**2. 莽撞**

鲁莽是敢为型性格的又一消极表现。他们有时说话未经考虑脱口而出；做事未经深思不该出手时也出手。这些看似“小节”，其实都会顷刻间毁掉前程，所造成的恶果令你后悔莫及，而且难于收拾。有时人们对你办的好事记不太清，倒是对你的一次鲁莽行为永不忘记。这一点如不高度重视并加以改正，机遇都会被你吓跑。

**3. 粗心大意**

千里之堤毁于蚁穴。敢为型性格常为一点疏忽而追悔莫及。最典型的画面是高考走出考场的考生：有人答案忘点小数点；有人小数点点错了一位；有人一道题还有一句话没有看见；有人甚

至漏了一道题没发现……这些疏忽可能影响这个考生一生的前途。因此，敢为型性格的人不能满足于大而化之，还应养成办事认真的习惯。以上所述好冲动、莽撞、粗心大意都是与大胆敢干结伴而行的性格特点，这几个特点是影响敢为型性格的人获得成功的消极因素，有时甚至足以毁掉你冒险创下的成就。

## 畏缩型

畏缩型性格的人刚好和敢为型性格的人相反，畏缩型性格的人常表现出惧怕危险、胆小怕事、退缩不前、顾忌太多而不敢行事。所以在人前常表现出不善交际、不融洽、冷淡的情形。此种行为不仅体现在平常，在爱情面前也会胆怯。

畏缩型性格的人最大的优点是细心。

畏缩型性格的人属于自我实现型、艺术型或家庭中心型。自我实现型可以避开现实矛盾，一心从事创作及学术研究；艺术型可以通过对艺术美的追求，在自己营造的美的世界里享受自身价值；家庭中心型退居家中，通过营造和睦幸福的家庭得到满足，而不必去冒风险。

### 文学怪才——卡夫卡

性格畏缩给人的感觉是胆小怕事，最终难成大事。其实，也不完全是这样，一切事物皆有其前因后果。卡夫卡的性格太软弱了，以致影响了他生命的全部，但值得庆幸的是，他没有选择政治、军事，而是选择了文学这一职业，畏缩的个性让他无路可走，只有文学这一小小的空间才是他的避风港湾。这也是他的最终命运归宿。

卡夫卡畏缩的个性是生活的家庭造成的，也可以说是父母后天塑造的。他出生在奥匈帝国所辖布拉格的一个犹太商人家庭。父母给他起名为”卡夫卡”。这个姓氏来源于捷克语，其含义是一种尾巴美丽的鸟——“鹩哥”。

在奥匈帝国统治下，犹太人的地位是低下的，法律和政府对犹太人从事的职业、拥有的财产等有明确的规定，犹太人采用这个词为自己的姓氏也属迫不得已。在奥匈帝国，犹太人被认为是另类，是低人一等的人。在奥匈帝国，由于”卡夫卡”一词是强加给犹太人的，所以这个词还带有骂人的贬义。

卡夫卡的父亲出身贫寒，但却是一个能干的犹太人。他从乡下来到城里，开了一家商店，虽然精打细算，也只能勉强糊口度日。由于深受社会地位低下、被压迫之苦，他一心想着出人头地、“翻身”的那一天。

卡夫卡生活的环境没有相对的稳定性和安全感。父亲的商店好像波涛汹涌的大海里的一叶孤舟，随时都有可能被吞没的危险。他的父亲不得不压缩各种开支，以维持这个小店的正常运转。然而，对卡夫卡来说，生活上的艰辛与困苦似乎是可以忍受的，但给他幼小心灵留下累累的、终生难以治愈的创伤是父亲对他的粗暴和专横。对此他一生也无法理解。卡夫卡就是在父亲粗暴的辱骂与咆哮般的叫喊声中长大成人的。从记事那天开始，卡夫卡整天像一只惊魂未定的小动物，在父亲的阴影下小心翼翼地活着，父亲早年留给卡夫卡的印象或是拉着长长的脸，为自己的生意发愁；或是对着他无情地、无休止地呼三喊四。像别的孩子依偎在



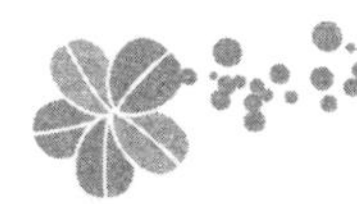

父亲的怀里，听父亲讲故事之类的经历，不用说，卡夫卡没有，他大概甚至连想都没想过。在这种家庭背景下成长的卡夫卡，不可能有自己的个性，在高度的压抑下形成了少见的畏缩性格。

卡夫卡从小没有得到家庭温暖，在他幼小的心灵里，父亲永远是威严的、神圣不可侵犯的“神”。如果他能得到母亲的爱，或许他的性格也不致于那么软弱。卡夫卡的母亲属于传统女性，对丈夫言听计从，一切服从自己的丈夫。母亲毕竟是母亲，无论怎样服从、屈从丈夫，都不可能完全放弃自己的孩子。但是，在卡夫卡的性格形成过程中，母亲偶尔的帮助，却形成了一种“帮倒忙”的后果。她有时也觉得应该替儿子说几句话，但最后却总是以退让而告终。她从来不会站在卡夫卡这边，替卡夫卡主持“正义”。

母亲给予卡夫卡的爱或者说保护，对卡夫卡性格的形成有害无益。她总是在暗中对卡夫卡做某些补偿。由于在暗地里进行，使卡夫卡产生了偷偷摸摸的感觉。母亲这种保护和爱护是善意的，可是效果却是极差的。从某种意义上讲，她是在帮助卡夫卡的父亲，而不是关心自己儿子的成长。

卡夫卡对父亲的粗暴，他从未想到反抗。人们认为，其中一个非常重要的原因是他出于对父亲的爱戴和尊敬。在卡夫卡的心目中，父亲的形象是高大的、神圣的，而他自己却是渺小的。如果说这种观点能够成立的话，那只能说，卡夫卡的父亲在他心目中的形象是以高压政策树立的，而不是靠对儿子的爱和关怀来树立的。他希望自己的孩子能够出人头地，不再走他所走过的路。他认为，军队教官的方式、方法是可行的，于是在卡夫卡幼年时代，训斥、叫骂成为生活的主要部分，这种简单粗暴的方法，显然收不到好的效果，他的孩子们在种种高压和叫骂中唯唯诺诺地生活，早已没有了任何个性和棱角，又怎么能出人头地成为勇敢的男子汉呢？

其实，卡夫卡并不是难以管教的孩子。他的父亲完全可以采取别的教育方式。他也非常希望他的父亲能拉着他的手，平静地和他交谈几句。卡夫卡4岁时，有一天夜里，他嚷着要水喝。父亲狠狠地吓唬了他几句，但没有成效。父亲便把他从床上拖下来，推到阳台上，让穿睡衣的卡夫卡在漆黑寒冷的阳台上站了半天。父亲是家中权威，他的话必须无条件地听从，更不容许别人申辩，当然，他那专横跋扈的脾气也不允许打折扣。幼小的卡夫卡日复一日地这样生活着，生活上的每一个细节，每一件小事对他来说都可能是一个不大不小的灾难，都可能成为父亲发火，乃至大发雷霆的借口。有时，父亲发火时他不知所措，弄得他左右为难，对做什么事都没有把握，彻底丧失了自信心。他的父亲本想通过高压手段达到教育子女成才的目的，但事与愿违，叫骂、恐吓，不但没能使卡夫卡成才，反而使他的性格变得更加软弱。

卡夫卡软弱、没有自信心的性格，不仅由于父亲的叫骂，还与父亲对他种种不尽人情的管教方式有着直接关系。比如，父亲在发怒时，叫嚷着要用皮带抽卡夫卡。但他并没有用皮带抽打他，而是把皮带从裤子上解下来，放在一边。这样一来反倒使卡夫卡心中更加忐忑不安。卡夫卡的童年时代，许多情况都是在这种惊恐的环境中度过的。在紧张、压抑、犹豫环境中成长的卡夫卡完全失去了自己的自信心，也逐步丧失了自我，什么事情都显得动摇不定、犹豫不决。这种环境使卡夫卡过早地产生了逃离现实生活的想法。现实生活对他实在太冷漠了，犹太人的社会境地和备受排斥、压迫的现实，也给卡夫卡幼小的心灵上留下了创伤。随着年龄的增长，卡夫卡越发感觉周围的一切是那么不可抗拒、不

可改变，而只有在他的内心深处，在他自己用想象构造的世界里，他才能找到少许宁静和安慰。这种逃遁实际上是对现实生活的一种反抗，只是这种反抗和卡夫卡的性格一样，是非常软弱的。

上小学时，卡夫卡那似乎已经成型的畏缩性格丝毫没有改变。在他心目中，班主任就是他的父亲，和父亲一样神圣不可侵犯。因此，他在班主任和老师面前，总是鼓不起任何勇气。至于偶尔迟到或稍有违反学校纪律、规定之处，他都会心惊胆战。卡夫卡畏缩的性格不是生来就有的，而是后天形成的。有时，他也会“偶尔露峥嵘”。只是这样的机会太少，因此他的性格不可能得到改变。他在放学后由家中厨娘接送，有一次厨娘来得稍晚一些，他便选择班级里最野蛮的男孩子，到小巷去打仗，以显示自己也是男子汉，但结局却是他被打得鼻青脸肿，哭着回家。从此以后卡夫卡不仅不敢再和别人打仗，就是看到别的孩子打仗也要躲得远远的。他不和任何孩子在一起做游戏，喜欢自己一个人玩。虽然不是离群索居，却也没有要好的知心朋友。

卡夫卡最终选择了文学，在文学的王国里，他是个勇敢者，至少是一个非常成功的作家。这一切的成功来自于他对现实世界的逃离。但在现实生活中，他的确懦弱得让人无法恭维。在学校里，卡夫卡是好学生，但由于他缺乏自信心，学习竟成了他的负担。他学习成绩不错，但他似乎更愿意逃避现实，回到他自己营造的、看不见、摸不着的王国里。在那里，他是自由的，没有别人的训斥，也少了许多烦恼。

小学学习结束后，卡夫卡进入德语文科中学学习。在这里，他获得了前所未有的欢乐，这就是对文学进一步的接触和热爱。虽然此时的卡夫卡还没有产生当作家的想法，但他开始接触大量的文学作品，并表现了极大的兴趣。他的业余生活是博览群书，并且经常读书至深夜。这一时期是卡夫卡性格形成的重要时期，虽然周围的环境比家庭中略有改善，但他的性格并没有发生根本改变。在同学们中间，即使和别人交往，他也会保持一定的距离。他的性格进一步朝着内向、保守、矜持的方向发展，他依然和过去一样，对成功没有信心。他认为，他的这种性格的形成与他所受的“有害教育”密切相关。他的父亲仍然和从前一样，不容卡夫卡对他的话产生丝毫异议，他还是那么粗暴，那么不理解他的儿子。卡夫卡到了该有自己主见的年龄了，许多时候，他也有自己的想法，为别人漠视他的个性而感到委屈。可是，懦弱的卡夫卡没有丝毫的勇气和力量进行反抗，他很难勇敢地站出来。他只能自己呆在一个小屋里，以避免自己受到伤害。在此期间，父亲并没有终止对卡夫卡的各种“教育”。他希望儿子像他一样，从小就有他曾经有过的军姿，因此他经常教卡夫卡像军人一样走路，坐卧。但在他那高声的叫喊声中，本来胆小的卡夫卡，恐惧心理进一步增大。面对父亲的绝对权威，卡夫卡只有绝对的服从，与父亲培养他的个性的初衷相差甚远，却进一步使他丧失了自信心。的确，所有的教育方式和成长环境都与卡夫卡的性格形成相矛盾，注定使他无法改变自己畏缩的性格。

通常，个性软弱的人是比较敏感的，也容易受到伤害，卡夫卡软弱的个性让他一步步远离社会，逃离尘世。他孤独、内向、忧郁的性格特征使他无法融入社会。他选择了文学，只有文学，才是卡夫卡的乐园，只有在文学王国，才能找到卡夫卡的影子；只有在文学王国，卡夫卡才能摆脱软弱，才有勇气做他自己要做的事。

卡夫卡考取了布拉格大学，在攻读法律专业的同时，卡夫卡

仍然把主要精力放在文学上。大学里的环境毕竟不同于他的家庭，不同于他所学习过的中学，卡夫卡的性格有所改变，似乎不像从前那样懦弱了。从前，他没有勇气跟女性讲话，而此时他与女同学的交往比以前增多了。他大量地阅读文学名著，参加一些文学活动，开阔自己的眼界。

性格畏缩的卡夫卡不是孤僻独往的人。在获得博士学位后，他的社交活动也开始频繁了。但任何人都是很复杂的，卡夫卡当然也不例外，他希望自己有一个安静的环境，在没有他人打扰的情况下，独自一人在文学海洋里畅游。他的性格决定了他注定是孤独的。和许多人一样，他渴望孤独，又害怕孤独。在他的内心深处，孤独和盼望与人增加交往常常展开激烈的矛盾冲突。孤独作为一种他人很难体会的境界，在卡夫卡那里也充分地表现出来。

卡夫卡在这个世界上只活了 41 个春秋，他短暂的一生没有太大的变化。尤其在性格上，即使不是始终如一，也没有发生任何本质性的变化。他性格的畏缩，没有影响他在文学艺术上的追求。与此相反，懦弱的性格使他选择了一条逃离现实的道路，这就是文学。他性格上的懦弱、悲观、消极等弱点交织在一起，成就了他的文学之路。

作为一名世界级的文学家，他的个人经历实在是平凡极了。在他身上，根本找不到大文学家那种丰富的人生阅历。他的一生差不多都是在布拉格度过的，生活平平淡淡甚至在第一次世界大战中，他也远离战争，过着一种平静的生活。

这位世界级的大作家生为男儿身，却没有男子汉的气概和气质。在他身上根本找不到那种知难而进、宁折不弯、风风火火、刚烈勇敢的男子汉精神，更谈不上傲骨迎风了。

## 致命缺陷：热情不够，冷淡有余

畏缩型性格的人对人际关系有恐惧心理，对人冷淡，与人相处不融洽。

对人冷淡导致进一步孤立，会逐渐断绝与外界、甚至与朋友的联系。这样事实上就不可能再有机遇，因为尽管人际关系复杂，但获得任何机遇都离不开人的帮助，尤其是朋友的帮助。所以畏缩型性格的人如能洒脱一些，淡化人际关系中倾轧、背叛给自己留下的阴影，会有助于思想的解脱。常言道，多个朋友多条路，不仅不要断绝与朋友的来往，在加强与老朋友的关系的同时，还应该广交新朋友。通过广交朋友，自然而然地学会克服对人冷淡、与人相处不融洽的倾向。

当然，从根本上讲，影响成功的是缺乏自信，有了自信也就不存在畏缩问题了。畏缩型性格的人胆小怕事、遇事退缩的特点并不是不能改变，只要下决心培养自己的自信心，就可以逐步得到改善。

要使自己成为充分自信的人有一个不断充实自己的问题，但也不是具有高学历就有自信。自信的人总是给自己制定较高的奋斗目标，为了实现这个目标总是能克服常人所克服不了的困难。因此，畏缩型性格的人只要做到两点：一是为自己定个努力的方向；二是为实现理想不要怕困难。

## 诠释：扬性格之所长，避性格之所短

并不是所有畏缩型性格的人都是政治运动的牺牲品，如今已没有大规模的群众性政治运动，而畏缩型性格的人仍然层出不穷。

这种性格虽然有人会天赐良机，去给老板当文秘、会计、翻译等，但那毕竟只是一少部分人。如果没有天赐机会，而又不具备成为作家、学者、艺术家的天赋，如何面对那难免出现的下岗和失业呢?

应该承认，面对下岗，要想重新站立起来，畏缩型性格的人比起坚忍型、敢为型等性格的人有更大难度。但也不是无路可走。下面建议可以一试：

(1)如果你没技术，可临时抱佛脚学一两手技术，例如做饭、理发、开车等。

(2)可参与社区服务工作，卖早点。接送小学生、帮助不能自理的老人、搞环保卫生等。

还有一点，这种类型的人最不擅长的是友情、爱情之类的心灵的交流。也就是说，他们的感情是被压抑的，所以特别不会表达自己的情感，也不会关心别人的心情。

一般来说，具有外向型思考类型的人，以男性居多。他们不了解女性的心情，常常被认为是“冷漠的傻瓜”。在第一次见面的时候，根本不注意对方已经厌烦了，还在大谈特谈自己的工作。

这种人还有一个坏毛病，就是容易把自己好不容易培养成的忠实爱情，集中到一个人身上，这种感情如果投向母亲，就会形成恋母情结。

虽然同属于思考类型，内向型思考类型的人与精力充沛的外向型思考类型的人给人的印象完全不同。他更像一个人缘好、办事笨拙的大学讲师。

内向型的人一般给人的印象很沉静，实际上在不为外人所知的心灵深处，却存在着非常的执著心和积极性。

这种类型的人执着的是自己的内心世界。特别善长于追求诸如“人生是什么”之类的哲学命题，以及数学定理式的抽象命题。在这一领域里，他们经常产生大胆的设想，具有不易动摇的自信和勇气。即使有人反对，也不会轻易改变自己的意见。就想一味追逐着自己的思路、构筑唯心理想王国的康德一样。

遗憾的是，这种类型的人在把自己的理想变成现实方面，十分笨拙。内向型思考类型对外界——即自己周围的世界和事物，几乎毫无兴趣。因此，这些想法往往脱离现实。乍一看头头是道，但往往在现实中行不通，成为纸上谈兵。

而且，当到了发表自己的思想理论去说服人们的阶段，他们却突然胆怯起来，手段拙劣。因为不愿意自我吹嘘，缺乏实践能力，所以这种类型的人，较难在社会上得到较高的地位。

在自己的内心世界称王称霸的内向型思考类型的人在外面的世界里，是平常而笨拙的人。说得直爽些就是窝里横，虽然不是故意。追求自己的思想过于忙碌，所以在待人接物时比较冷淡，态度不好。因为这是很明显的一种不关心人的态度，所以，擅长社交的人看到这些，会理解不了。

由于对别人的关心不够，所以可能会受到别人的“冷淡”。“我行我素”“旁若无人”等恶评。这也许自己都没想到。这种类型的人要特别注意。

但是，这其中也不乏有非常客气、懂礼仪，和平常人一样和蔼可亲的人。乍看起来，好像不是这种性格的人，你看他努力装出一副笑容可掬的样子。

实际上，内向型思考类型的人对他人表示社交性礼节时，正是为了在这一环境中保护自己。他们认为，在自己的周围筑起礼



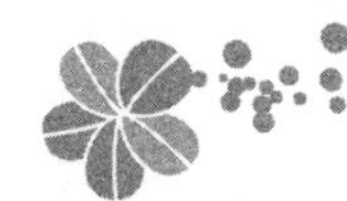

貌、亲切的围墙，就不会被人们说三道四了。

这种类型和外向型思考类型一样，劣势机能也是感情。一旦他的矫揉造作被别人揭穿，这种不成熟的感情就会和盘托出，结果以失败而告终。你看，平时很老实的人喝醉酒后会无理取闹，怒发冲冠时会大打出手。是不是有这样的人？他们是平时怕出格而压抑着自己感情的人。

当然，就是这种类型的人，也有把心交给别人的时候。当能够理解自己内心世界的人出现时，他们马上变得欣喜、亲切起来。

总之，这一类型的人是孤独者，对流行和现实很迟钝，然而却是诚实可信的人。这种人比较难接近，但是和他打招呼，和他亲近起来后，却能意外地发现是个很有意思的朋友。这就是内向型思考类型的人。

## 坚忍型

坚忍型性格类型的人往往有顽强的意志力，遇事不冲动，能忍耐，是属于情绪成熟型。坚忍型性格类型的人是比较让人放心的类型，他们做事往往认真负责、踏实、不浮躁，能尽职尽责，有很强的责任感。这种性格类型的人往往因为能坚持到底，而使得其人生充满机遇。

坚忍型性格的人是管理型、独立经营型和自我实现型。通过获取项目，从实施领导中实现价值；或通过自办企业，凭自己的本事取得成功；或决心把毕生精力奉献给学术研究，一心追求真理，并认定这样的人生才有意义。

# 坚忍成就辉煌一生

在美国50位总统中，阿伯拉罕·林肯（1809—1865年）是唯一出身于贫民阶层的总统。这位深受美国人民怀念的总统可谓其貌不扬，请看他的自述吧：“如果有人希望我描述一下自己的外表，那我可以直言奉告。我身高6英尺6英寸，体重180磅，肤色黝黑，骨瘦如柴，黑头发，灰眼睛。如此而已，别无其他引人注目之处。”

林肯在入住白宫以前，一直奔波于颠沛困顿之中，加上其貌不扬，又一贯不修边幅，常穿一双粗绒线的蓝袜子、一双大拖鞋，甚至连领带都不会打，因此他初到白宫任职时，阁员中的阔佬没有一个瞧得起他。他们甚至要挟林肯老实地蹲在白宫的角落里。

财政部长齐斯对那位在宴会中不会要菜的老憨统治了白宫感到十分惊讶，不时觊觎着总统的职位。他在背地里煽动人们对总统不满，并连续五次提出辞职来相要挟。虽然第五次林肯批准了他的辞呈，但是林肯始终认为他是一个有才干的人。林肯说：“齐斯是一个很有才能的人，尽管他在背后愚蠢地反对我，但是我决不愿铲除任何人。”齐斯辞去财政部长后，林肯量才而用，任命他为最高法院的首席法官。

陆军部长斯坦东同样瞧不起林肯。他曾声称：“我不愿意同那个笨蛋、老憨、长臂猴为伍。”他冷嘲热讽地说：“人们为什么要到非洲去寻找大猩猩，现在坐在白宫中抓耳挠腮的不就是吗？”林肯听后说：“我决心牺牲一部分自尊，要派斯坦东任陆军部长。因为他绝对忠于国家，富有本能的力量和知识，像发动机一样工作不息。”

斯坦东任职后仍不停地对林肯进行谩骂，甚至不执行林肯的指示。有一次一位议员带着林肯的手令去给他下指示，他居然拍桌大叫：“假如总统给你这样的命令用，那么他就是一个浑人！”那位议员满以为林肯会因此把他撤职，可是，林肯听汇报后却说：“假如斯坦东认为我是一个浑人，那么我一定是了。因为他几乎一切都是对的。”事后斯坦东极受感动，马上到林肯跟前表示对林肯的歉意。

林肯当了总统以后，有些富豪瞧不起他，总想给他一点难堪，甚至有人竟当众奚落他，想使他下不了台。

有一天，道格拉斯见了林肯便挖苦地问道：“林肯先生，我初次认识你的时候，你是一家杂货店的老板，站在一大堆杂物中卖雪茄和威士忌。真是个难得的酒店招待呀！”

然而，林肯并没有发火，不以为然地说道：“先生们，道格拉斯说的一点也不错，我确实开过一家杂货店，卖些棉花啦，蜡烛啦，雪茄什么的，也卖威士忌。我记得那时候，道格拉斯是我最好的顾客了。多少次他站在柜台的那一头，我站在柜台的这一头，卖给他威士忌。不过，现在不同的是，我早已从柜台的这一头离开了，可是道格拉斯先生却依然顽强地坚守在柜台的那一头，不肯离去。”

林肯这么一说，周围的人都哈哈大笑起来，称赞林肯说得好。而道格拉斯却涨红着脸，显得尴尬万状。他自讨了个没趣，便灰溜溜地走开了。

林肯对群众的批评意见就算是骂自己的话，只要是有道理的，也听得下去。

有一次，他和儿子罗伯特驱车上街，遇到一队军队在街上通过。林肯随口问一位路人："这是什么？"林肯原想问是哪个州的兵团，但没有说清楚，那人却以为他不认识军队，便粗鲁地回答说："这是联邦的军队，你真是个他妈的大笨蛋。"林肯面对着一个普通路人对自己的斥责声，只说了声"谢谢"，毫无半点怒容。他关上车门后，严肃地对儿子说："有人在你面前向你说老实话，这是一种幸福。我的确是一个他妈的大笨蛋。"

还有一次，一个小伙子坐在陆军部的大楼前，林肯见了问他干什么，小伙子回答："我在前方打仗受伤，来领军饷，他们不理我，那狗婊子养的林肯现在也不来管我了。"林肯听了，安祥地问他："你有证件吗？我是个律师，看你的证件是否有效。"小伙子递过证件，林肯看完说："你到 308 号房间找安东尼先生，他会帮助你办理一切。"小伙子进了陆军部大楼，看门人问他："你刚才和谁谈话了？""跟一个自称律师的臭老头。""什么臭老头，他是总统啊！"

1860 年，林肯作为共和党的候选人，参加了总统竞选。林肯的对手、民主党人道格拉斯是个大富翁。他租用了漂亮的竞选列车，在车后安上一尊大炮，每到一站鸣炮 32 响，加上乐队奏乐，声势之大，超过美国历史上任何一次竞选。道格拉斯洋洋得意地说："我要让林肯这个乡下佬闻闻我的贵族气味。"

林肯没有专车，他买票乘车。每到一站，朋友们为他准备一辆耕田用的马拉车。他发表竞选演说讲道："有人写信问我有多少财产，我有一位妻子和三个儿子，都是无价之宝。此外，还租有一个办公室，室内有桌子一张，椅子三把，墙角还有大书架一个，架上的书值得每人一读。我本人既穷又瘦，脸蛋很长，不会发福。我实在没有什么可依靠的，唯一可依靠的就是你们。"

美国南北战争初期北军的失败，给林肯带来了极大的烦恼。这天，有一位养伤的团长直接向总统恳求准假，因为他的妻子遇难，生命垂危，林肯厉声斥责他："你不知道现在是什么时期吗？战争！苦难和死亡压迫着我们，家庭的感情在和平的时候会使人快活，但现在它没有任何余地了！"团长失望地回旅馆休息。

翌日清晨，天还没亮，忽然有人叩房门，团长开门一看，却是总统本人。

林肯握住团长的手说："亲爱的团长，我昨夜太粗鲁了。对那些献身国家，特别是有困难的人，不应该这样做；我一夜懊悔，不能入睡，现在请你原谅。"林肯替他向陆军部请了假，并亲自乘车送那位团长到码头。

林肯讲话是极简短的、极朴素的。这往往使那些滔滔不绝的讲演家很瞧不起。盖提斯堡战役后，决定为死难烈士举行盛大葬礼，安葬委员会发给总统一张普通的请贴，他们以为他是不会来的，但林肯答应，既然总统来，那一定要演讲的，但他们已经请了著名演说家艾佛瑞特来做这件事，因此，他们又给林肯写了信，说在艾佛瑞特演说完毕之后，他们希望他"随便讲几句适当的话"。这是一个侮辱，但林肯平静地接受了。两星期内，他穿衣、刮脸、吃点心时也想着怎样演讲。演讲稿改了两三次，他仍不满意。到了葬礼的前一天晚上，还在作最后的修改，然后半夜找到他的同僚高声朗诵。走进会场时，他骑在马上仍把头低到胸前默想着演讲词。那位艾佛瑞特演讲了两个多小时，将近结束时，林肯不安地掏出旧式眼镜，又一次看他的演讲稿。他的演讲开始了，一位记者支上三角架准备拍摄照片，等一切就绪的时候，林肯已走下讲台。这段时间只有两分钟，而掌声却持续了 10 分钟。后人给以极高评价的那份演讲词，在今天译成中文，也不过400字。

林肯是美国历任总统中最有幽默感的一位。而且有时候还自嘲。人们都知道林肯的容貌是很难看的，他自己也知道这一点。一次，他和斯蒂芬·道格拉斯辩论，道格拉斯说他是两面派。林肯答道："现在，让听众来评评看。要是我有另一副面孔的话，您认为我会戴这副面孔吗？"

南北战争时，林肯有一回发令到前线去，要各司令官发到白宫来的报告，务求详实。麦克利兰将军是一个急性子的人，接到了林肯总统的这一道命令着实有些受不住，马上发个电报到白宫：

"华盛顿林肯大总统钧鉴：顷俘获母牛六头，请示处理办法。麦克利兰。"

林肯接到了麦克利兰将军的电报，马上给他一个回电：

"麦克利兰将军勋鉴：电悉。所俘获的母牛六头，挤其牛乳可也。林肯。"

林肯的一些朋友正在谈论某些人的缺点。

"一个人的两腿应该有多长？"一个朋友问林肯。

"嗯"，林肯回答说，"至少应该长到碰得到地面。"一天，有位外国外交官看见林肯在擦自己的靴子。

"嗯，总统先生，你常擦你自己的靴子吗？"

"是啊，"林肯答道，"你是擦谁的靴子的呢？"

一天晚上，林肯在忙碌一天之后上床休息。忽然，电话铃声大作，原来是惯于钻营的人告诉他，有位关税主管刚刚去世，这人问林肯是否能让他来取代。林肯回答说：

"如果殡仪馆没有意见，我当然不反对。"

林肯准备前往葛底斯堡，为那里的国家公墓揭幕。动身那天

上午，他的助手担心他赶不上火车。

“你们这些人使我想起了有一天人们要绞死盗马贼的情形。”

林肯对他们说：“通往刑场的道路上挤满了去看绞刑的人，以致押送犯人的囚车不能按时到达。前面的人越挤越多，犯人高喊道：‘你们急什么？我到不了刑场，你们有什么好看的！’”

因为坚忍，林肯成为了美国历史上最让人尊敬怀念的总统。

## 致命缺陷：过于认死理

各种性格的人处在逆境时表现各不相同。有的人自暴自弃，有的人从此消沉，有的人甚至情感脆弱而选择了自杀。坚忍型性格的人在逆境中极其冷静，无论什么困难都能忍耐过去。

由于情绪成熟，他们在逆境中不冲动、不波动，坚持在逆境中学习，尽其所能的在逆境中创造机遇。

著名作家沈从文曾经因政治原因放弃了文学创作，但他并没有因身处逆境而放弃治学。他选择了与现实政治没有直接关系的古文化研究作为治学方向。当他的《中国古代服饰研究》在香港出版时，立刻引起海内外的轰动。因为这个课题一向是被忽略了的，沈从文的著作填补了中国古文化研究的空白。这部著作影响之大，以至于许多过去不了解沈从文的人误以为他本来是服饰研究专家。

逆境无疑使沈从文失去继续创作优秀文学作品的机遇，但由于他在逆境中选择了新的方向，从而为自己成为文物专家创造了新的机遇。

现如今人们的心理承受能力越来越差，本来算不了什么大不了的事也会一病不起：因年龄调整班子时下来了；因精简转岗了；在民主选举中落选了，等等。这些都属正常，人们应该习惯起来。

就算真的身处逆境，应该学习沈从文，改换一下努力方向：不能当官了，去经商如何？不能经商了，去搞学术研究如何？坚忍型性格的人坚信天无绝人之路，有路就有机遇。

## 诠释：个性化生存

千人千面。只有相似的性格，却没有完全相同的性格。没有最好的性格，只有更好的性格。不管你的性格如何都有你自己的性格优势和性格劣势。所以，独特的你应该以独特的性格去走你独特的人生，追求你独特的事业。只要你坚持自己独特的方式，你就一定能成功。

淌过激流的人，更知道哪里有险滩；敢于挑战命运的人，才更善于发现生命的转机。

理解和把握了自己独到之处的人，常常能够取得与众不同的成就。因为他有了自评、自信的得力依据，发现了有效开启自己潜能的切入点。现实里许多人就是这样顺应了自己天然独有的个性优势，从而恰到好处地实现了自我。

伟大剧作家莎士比亚曾说过："你是独一无二的，这是最大的赞美。"但是，这却是事实。

这是一个不为我们所习惯的说法，但却符合事实。盲目从众已无法在当今的社会中立足。认识自己的独特性已经同每个人的生存质量紧密相连。竞争的年代，不仅是才能的竞争，更是个性的竞争。你不清楚自己的独到之处，不了解自己潜在的优势，就很难凭真本事去竞争，就很难在择优的环境中显出实力，那么你的愿望就只能是愿望。要想施展自我，要想不被别人牵着走，只有认真地剖析自我，确认自我，勇敢地摔打自我，尽力开发自我



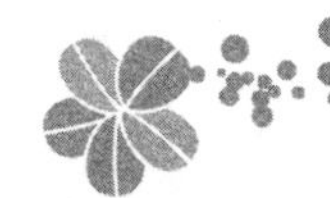

价值，使自己真正成为自己。

1888年，法国巴黎科学院收到的征文中有一篇被一致认为科学价值最高。这篇论文附有这样一句话："说自己知道的话，干自己应干的事，做自己想做的人！"这是在妇女备受歧视和奴役的19世纪，走入巴黎科学院大门的第一个女性，也是数学史上第一个女教授——38岁的俄国女数学家苏菲·柯瓦列夫斯卡娅的杰作。在众多的竞争对手面前，首先要突破的就是我们自身存在的旧观念："走自己的路，让人家去说吧！"这句至理名言鼓舞了多少敢于向自己挑战的人，实现了自己的愿望，成为敢为人先的真正勇士。

现代戏剧之父亨利·易卜生就是一个张扬其独一无二个性的典范。他生长在欧洲边陲的滨海山国——挪威。那里奇峰倚天，峻峭、孤傲、挺拔；幽谷叠翠，瑰丽、神秘、浪漫。也许，这样的自然气息渗入到易卜生的个性里，使他不喜欢交际。他认为："社会生活不仅耗费宝贵的时间，而且也使人愚蠢。一个作家想要写出有价值的作品，就得离群索居，单独生活，全神贯注于自己的工作。"他甚至说："朋友是昂贵的奢侈品，当一个人把全部的资本投入到某一事业和生活中的某一使命之后，他是无力去维持朋友的。"当然，绝对没有朋友是不可能的，只是他不相信人的意志可以轻而易举地统一在一起。易卜生认为真正有价值的思想产生于个人的独立思考之中。他在《人民公敌》一剧中借斯多克芒医生之口发表了自己个人主义的宣言："世界上最有力量的人就是那最孤立的人。"他沿着自己的操守和信条生活、写作，不管别人怎么看、怎么想，为了遵循自己内心的准则，不惜特立独行，甚至甘为大众的"公敌"。他对群众一词缺乏好感。他怒斥那些没有个人的思想和意志，只会人云亦云随波逐流的人们。孤立的个性虽使他的生活落落寡欢，却使他的创作震撼人心。20世纪独步一时的大文豪萧伯纳、霍普特曼、奥尼尔、斯特林堡、乔伊斯，无不继承他的精神血脉，直到20世纪70年代，欧洲还掀起一股“重新发现易卜生”的热潮。

在中国，易卜生的《玩偶之家》《培尔·金特》《布朗德》的演出，也使成千上万的青年领略了戏剧艺术的强大魅力。萧乾先生早在20世纪20年代就把易卜生“孤独者”的名言用英文写在了床头，到了20世纪80年代，谈起易卜生，他依然热血满腔：“倘若一个民族都成了随大流的聪明人，那怎么得了，曹禺直到晚年还为自己年轻时在舞台上扮演的精彩形象——娜拉（《玩偶之家》的女主人公）而心醉而神往；而娜拉仍不失为当代女性净化心灵、自立、自尊的偶像。现在《人民公敌》依然是中央话剧院的保留节目。

易卜生的艺术形象所以魅力无穷，是源于他对个人的强烈兴趣，这使他对人物内心世界的观察和探究精致细微，而刻画也就入木三分。他说：“我总是从写个人入手，一旦了解了他个性的各个方面，剧中的场景，全剧的效果就会自然而来——我必须观察灵魂上的最后一条皱纹。”“写作就是观察，请注意这一点，就是全力观察。”

在易卜生冰冷般的孤独中蕴育着炽热的激情，而正是这激情点燃了他剧中的每一个人物。他的剧作里常常反射着他与现实生活的冲突和与世俗格格不入的愤怒。

他出生在19世纪与世隔绝的挪威台里马克州，4岁时，父亲因木材生意暴富。优裕的上层社会生活，使得支配欲甚强的他越发狂傲不羁，目中无人。但没过几年，家道衰落，在一个凄风苦

雨的日子，全家迁入了一个破败的农舍，8 岁的易卜生由此也骤然悟到世态炎凉。这位曾经骄纵任性的阔少一下子变得羞怯自卑，他不但上不起学，连吃饭也成了问题。15 岁时，敏感的他在一个小药铺当学徒，发誓要考大学，白天调药、洗瓶、待客；夜里借烛光苦读文史书籍，并尝试作诗，有时要到几里外的牧师家学习拉丁文和希腊文。冬天，他没有大衣，只好一路小跑着取暖。然而，终因基础较差，终生未能上大学，这成了他一辈子的遗憾。

还有一件事让他一生痛楚。他从小就被其他孩子耻笑为父亲的私生子。直到父亲去世，他依然不肯回故乡奔丧。不幸的是，他自己的第一个孩子也是私生子。这是他在药店情绪最郁闷时，被一个 20 岁的女仆诱惑所至。那时，他只有 18 岁，从此就被这个女仆缠住索钱，他羞愤悔恨，痛不欲生。这段经历后来被他写入《培尔·金特》的剧情里，以后他的爱情又造成数十年的遗憾。他曾企望用《苏尔豪格的宴会》里的剧情挽回恋人曹克的爱情，但直到 36 年后他才与曹克不期而遇，只好借《建筑师》抒发了这段积郁心底的情愫。易卜生对自己的戏剧才能从不怀疑，但机会却难得。1857–1862 年，他受聘为奥斯陆“挪威剧院”的经理，易卜生本以为机会来了，可以努力施展自己的才华了，结果却事与愿违。他每天为剧院的经营东奔西走，心烦意乱，情况却越来越糟。更让他焦虑沮丧的是，长期写不出自己满意的剧本来，为此，他甚至想到自杀。经营剧院使他明白了，为什么要扬长避短，也给了他 5 年有关剧本创作的重要的环境经验；更使他明白了，他不会经营剧院，而只能是一个剧作家。

他最著名的剧作《玩偶之家》也有一段很深的人情背景。在他的《布朗德》引起挪威社会的强烈震动后，有本学术专著讨论了此剧的宗教问题。易卜生对书里的观点不以为然。在给作者回信时，他声明自己所关注的只是人物的内心世界，但希望与作者本人有缘一见。没想到约见到的竟是一个叫基拉的黄毛丫头，这位18岁的作者小巧娇媚，脸上露着迷人的微笑。看着他，易卜生脱口叫出“小百灵”，从此，他们成为莫逆之交。但后来基拉为了给丈夫治病，不得已伪造丈夫签名借了一笔巨款，遭到与她政见不合者的攻击，说她的学问也是不可靠的。易卜生知情后为替基拉辩护写了轰动社会的《玩偶之家》。在剧中，娜拉被丈夫无情责骂后，看透了丈夫的虚伪自私，而毅然出走了。这个结尾在当时的现实中被视为大逆不道，基拉作为艺术原型，因此而到处挨骂。这时基拉的朋友出面请易卜生更改剧尾，但易卜生坚持艺术与现实不可等同，这激怒了基拉，两人绝交。20多年后，当他再度见到基拉时，得知《玩偶之家》给她造成那么大的伤害，老迈的易卜生不禁潸然泪下，他如父亲般抚着基拉的肩头，久久一言不发。

易卜生的身上混合着丹麦、苏格兰、日耳曼人的血缘，因此他不赞成狭隘的国家主义。1877的3月，普奥联军入侵丹麦而挪威按兵不动时，易卜生怒不可遏地写了《难兄难弟》一诗抨击政府见死不救的行径。另外，由于经济拮据，他不得不多次低头为了戏剧向国王申请资助。当时的国内环境令他十分反感，于是这个一生致力于用挪威语写挪威戏剧的作家终于忍无可忍，愤然出走他乡，而且一去就漂泊了27年。这之后，易卜生说：“在远离挪威的地方，我对挪威的事情看得更清楚。”

易卜生的孤独里凝结了生活的悲苦和屈辱，也渗透了他那高傲的心为人世真情付出的热血。他始终走在自己看准的人生里，

孤寂挺拔，以独到的语言讲述着深刻的故事。虽然他长年漂泊在外，远离故土，但晚年回国后，仍受到挪威最高的礼遇。文化界为他举行了盛大的欢迎会，国王对他说："政治上我是国王，文学上你是国王。"并常邀他谈论人生、艺术。70 寿辰时，他的铜像坐落在挪威剧院门前。1906 年，他逝世后，挪威举国为他致哀。而时隔一个世纪后，还是在挪威，每年仍然上演易卜生的剧作，欣赏易卜生的剧作依然被视为高雅的艺术享受。不仅如此，在中学和大学的教材中，也可以读到易卜生的大量作品。看来，这位性格冷峻怪僻的剧作家将永远与挪威人同行了。

易卜生的不朽一生向我们揭示了：朝着人类的命运，走自己的路，是无价的选择。

## 妥协型

妥协型性格的人常表现出缺乏责任感、不恳切、表面应付处事，凡事主动退让妥协，做事敷衍马虎，只顾眼前，意志力弱，依赖性强，缺乏耐性，易变，懒散，秩序观念差。妥协型性格的人是权力型、服务型或自由型。权力型的人通过谋求高位和实施领导体现价值；服务型和自由型的人通过为他人服务体现自身的价值。

权力型的人从业方向主要是各级各类官员；服务型的人从业方向主要是各类服务行业及依赖机关、企业生存的普通员工；自由型的人主要是各类自由职业、游商等。

需要指出的是，体现在官员身上的妥协型性格不一定是个性性格，而可能是个性性格与社会性格的统一。而从事服务工作的人也不一定都是妥协型性格，他们的个性性格与职业性格在工作时必须得到统一，个性性格必须服从职业性格。有人觉得他们似乎没有个性，其实不然，使他们高度统一的是职业性格。而个性性格顽固不化、时不时与顾客发生冲突的人则突显出害群之马的本色。自由职业比过去大大地扩张了，游商仅仅是传统意义上的自由人。

## 唐太宗——妥协性格造就独步千古伟业

唐太宗就是典型的妥协性格中的权力型类型，此种性格往往不一定是个性性格，而是个性性格与社会性格的统一，因此他的性格里包含有诸家思想的体系精华。他对臣下的宽容与慈爱像父母对待儿女一样，显尽了自己性格中的慈；面对兄、弟的迫害不动声色，妥协让步，表现了他性格中的忍；夺官时，对亲生手足毫不手软，说明了他性格中的残；既得天下，改变策略，以怀柔政策稳定人心，对边疆民族不用武力而用招抚，展现了他性格里的变。正因为李世民具备了上述性格特征，所以在他的麾下聚集了一大批文臣武将，出现了人才济济一堂的盛大局面，也使得他的功绩独步千古，事业如日中天。

盛唐之所以“盛”，他的构建者唐太宗功不可没，他是中国最杰出的封建帝王之一，为中国开创了长达一百三十年的黄金时代。

那么，唐太宗为何能取得如此辉煌的成就呢？归根结底，还是取决于他的性格，他把儒、道、兵、法各家之长用得恰到好处。把中国谋略文化中的慈、忍、妥协、变、残用得炉火纯青。各家思想、各种方法皆融为己用，且备兼众长。仁慈时，对下属像父母对待子女一般。忍耐时。总是一忍再忍，即使有性命之忧，也不为所



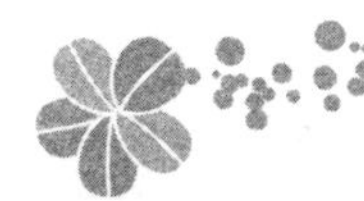

动；残忍时，即使亲兄弟也毫不留情；权变时，虚心听取下属意见，决不肆意行事。正因为有了这一性格特征，他便能游刃有余地应对任何复杂的事件。“贞观之治”是李世民一生的功绩，杜甫用“煌煌太宗业，树立甚宏达”描绘了唐太宗的英明形象。

我们先来说说唐太宗性格中“慈”的一面，所谓“慈”，就是慈爱，这种慈爱就像父母对待儿女一样，是一种无私的给予，比儒家的所谓以德为本的正义原则又高出了一层。因此，慈爱对于个人的修养来说是一种“精神内敛”“智慧澄澈”的境界，但它与“不敢为天下先”一样都是一种处世的机谋，然而，慈要比后者深刻得多。以慈服人绝非外在的收服，而是要被收服者心悦诚服。它没有以理服人的外在性，因此也就避免了被收服者内在借用的疏离，它会受到那些被收服的人永远地、心甘情愿地报答和捍卫。这便是此性格之人所具有的人格魅力。

玄武门事变之后，秦王府将领中有些人主张乘胜杀尽李建成、李元吉的党羽，并“瞩没其家”，许多人还四处寻官府集团的成员和兵勇，争相绞杀邀功，使得官府集团的人惶惶不能自安，性格仁慈宽厚的李世民决定采用明智的安抚政策，他一方面禁止秦王府人员禁捕滥杀，同时又以高祖的名义诏告天下，对于不敢出面的一些官府集团的成员，李世民多次退使用之，用一片诚意、仁获解除了他们的顾虑。其中最杰出的人才工进、税征、韦挺等人，都成了朝中重臣。魏征几次劝太子及早除掉秦王李世民，玄武门之变后，李建成的手下纷纷逃亡，魏征却依然如故。李世民当众问魏征：“你为什么要离间我们兄弟？”在场的官员都替魏征担心，而魏征却从容不迫地回答：“如果太子早听我的话，就不会有今天的祸患了。”对魏征桀骜不驯的回答，李世民不但没生气，反而更加敬重他的忠诚坦荡，封为詹事主簿，后改任谏议大夫，步步升迁。原秦王府的旧部，对唐太宗这种以德报怨、化敌为友的作法并不理解，这就是仁慈宽厚与狭隘的差别。

一次，太宗乘坐小轿出游，一个卫兵不小心，脚下滑了一跤，无意中拉了一把太宗的龙袍，险些把太宗拉下轿来。卫兵吓得魂不附体，大惊失色。太宗却仁慈地说："这里没有御史法官，不会问你的罪。"而且告诫身边的人不要把这件事传出去。触犯龙体在封建社会是大逆不道的事，按理是问死罪，何况一个卫兵做出这等事来呢？太宗的慈爱宽厚原谅了卫兵，卫兵感动得热泪交流。

如果说魏征有能力，有才华，太宗留为己用，他能宽厚仁慈待之，那对待不小心拉了自己衣服的卫兵的态度又如何解释呢？这实则是一种慈爱。像是一位慈爱的父亲，对待孩子不是故意而犯错误的原谅。"慈"的性格，赢得了朝臣的尊敬和爱戴，侍奉这样的君王，又有哪位臣子不竭心尽智报效呢？

再说一说太宗性格中"忍"的一面。

这里所指的"忍"，不是残忍，而是忍耐，这决不是一般意义上的忍耐，它是人在处于劣势或不得志时为了将来的发展而采取的一种策略。但这又不是一般意义上的策略，而是在洞察了一切世事变化的规律以后发自内心的一种情志。这种忍不仅包括忍受逆境、苦难和屈辱，还包括"乐之忍""官之忍""权之忍""安之忍""快之忍"等。总之，它不仅仅是一种修养之忍，还是一种明智的妥协，一种趋吉避凶的深刻智慧，是一种为了达到某种目的的忍，是圆融无害圆融无碍的处世智慧。

李世民兄弟三人，太子李建成和齐王李元吉联手对付李世民，



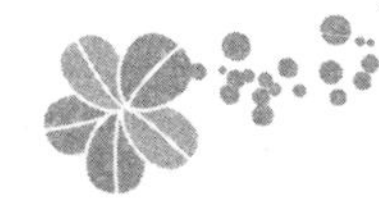

而且太子和齐王还有李渊的支持，李世民更显得势力不如太子李建成了。一次李建成请李世民赴宴，他想毒死李世民，于是，在酒中置毒，李世民饮后腹中暴痛，被送回府后，吐血不止，不知是李建成的毒药量小，还是李世民抵抗力强，李世民在吐血后竟保住了性命。

李世民此次中毒，虽无确凿证据证明是李建成下的毒药，但司马昭之心，路人皆知。李渊知道后，狠狠地训斥了李建成一顿，但他毕竟支持李建成，所以也未对他作什么处置，李世民知道如果责问李建成也讨不到什么说法，况且，李建成有父皇的支持，弄不好会激怒父皇。那样结果就更不好收拾了，于是，他忍了。

李建成见一计不成，又生一计，只是方式比上次巧妙了些，但把握也减少了些。他设法说服太祖去郊外打猎，并要几个皇子相陪。父皇之命，李世民不敢不从，李建成特意派人为李世民挑选了一匹性情暴烈的马，该马稍遇刺激，便狂性大发，他想用此法摔死李世民。等到李世民纵马追赶一头麋鹿时，烈马狂性大发，控制不住，把李世民摔出一丈多远，险些摔死。后来，李建成又与李元吉密谋，准备在替李元吉出征饯行的宴会上杀死李世民。面对太子和李元吉的发难，李世民一次次退让，一忍再忍，直到时机成熟，才发动“玄武门政变”，一举杀掉了太子李建成及其党羽。这就是李世民性格中的忍，如果他不忍，在第一次中毒后就和李建成闹翻，不知结果会怎样？第二次从马上摔下来，虽然都彼此心知肚明，但却丝毫找不出责备李建成的理由，李世民又忍了。如果这两次在条件和时机都不成熟时，李世民就和李建成闹翻真不知他的命运会怎么样？

然后再说李世民性格中“残”的一面。该残忍时，绝不手软，因为这是非鱼死网破的时候，由不得半点犹豫、手软，彼命不休此命矣。李世民深谙此理，他残忍的除掉了太子和齐王，但绝不滥杀，他采取的策略是“打蛇打七寸”“擒贼先擒王”。

李世民与李建成的明争暗斗已公开化，并且如箭在弦上，不得不发，李世民决定先下手为强，他带人埋伏在太子与齐王上朝的必经之路——玄武门。太子与齐王前来上朝，李世民的伏兵四起，他亲手杀了兄长李建成，大将尉迟敬德杀死了齐王李元吉，这场宫廷政变就这样结束了。李世民的政敌已完全消除，从此再也无人能与他争锋、不久，唐高祖李渊就让位给了李世民，即唐太宗。

这场“玄武门之变”，以李世民的胜利而告终。李世民这时的性格又给人残忍的感觉，因为他设伏杀死了自己的亲哥哥和亲弟弟，手足相残，是够残忍的了。但不管是当时的人还是现在的人，千百年来，又有谁抱住“玄武门之变”不放去喋喋不休的责备李世民呢？如果说这是因为“玄武门之变”造就了万世英主李世民，那在“玄武门之变”前谁能知道他即位后是英主还是昏君，可见李世民性格残忍的一面是抹杀不了的。

最后，我们再说李世民性格中“变”的一面。

这个道理倒是很简单，慈、忍、残其实都是手段，而变才是目的，李世民讲究与世推移，随时而变。“玄武门之变”后，他登上了王位，当时，太子李建成的部下遍布全国各地，一时人心惶惶，许多人准备造反。这时李世民又隐去了残忍性格，他决定不用高压手段，采用怀柔政策，对他们的要求妥协退让。他派魏征为特使，赋予便宜行事的权力，让他去太子势力较为集中的河北一带安抚人心。魏征到了河北，见到两辆去长安的囚车里面装

着“玄武门之变”中逃走的李建成的部下李治安和李思行，魏征说：“我来这以前，朝廷就已下令赦免了李建成和李元吉的部下，如今又把他们逮捕，岂不是自食其言，失信于人吗？如今我来招抚还恐怕人家不愿相信我，怎么能把人押送长安呢？临行时，皇上让我便宜行事，把李治安和李思行放了，让他们跟我一起去招抚别人，一定会有很好的效果。”别人都同意魏征的意见，他们放了那两个人，并给唐太宗写报告，由于唐太宗的正确做法，很快就安抚了河北一带的人心，自己的政权才算巩固下来。

李世民的变不但表现在处理内部事务上，即使是在民族政策上也善于权变。

唐朝是中国多民族国家形成的重要历史时期，而唐太宗就是这一历史进程开端的奠基者。他以泱泱大国的气势征服了周边国家，保持了边境地区的安宁，制止了少数民族贵族对中原人民的骚扰，恢复了同西域各族人民以及同中亚、西亚地区国家人民交往的通道。更能体现其博大胸襟的是他能在战争结束以后，为缓解民族间的矛盾，改善民族关系，促进了多民族国家形成的历史进程。他让许多部落首领在京城长安任职，有的任军队中的重要将领，有的甚至任官中禁军。对被任用的少数民族首领，唐太宗十分信任，用他自己的话说“待其达官皆如吾百察。”受重用的少数民族将领几乎参加了所有的征讨战争，有的担任行军大总管，有的任安抚大使等要职，让他们充分发挥了自己的军事才能，立下卓越战功。这种皇帝直接任命少数民族首领，带领少数民族军队征战，并能完全信任这些人，在历史上有如此恢宏气度的，恐怕只有唐太宗一个人。由于太宗的信任，这些人对太宗也十分忠诚，唐太宗用他博大的胸襟把各个民族团结在大唐帝国周围。于是，京都长安不仅是国内各民族的大都会，也成了世界性的大都会，形成万国来朝的鼎盛时代。这期间，国家实现了统一，版图空前扩大，中国封建社会登上了“治世”的巅峰，其政治之清明、国家之强盛为历代封建王朝所罕见。

“贞观之治”是中国封建社会的辉煌一页，而这一切的取得与李世民的性格有关，他把各家智慧用得恰到好处，各家方法也融为己用，不管是收揽人才，还是治政方针。试想如果没有这种性格又怎能构建出他那庞大的千古基业呢？

## 致命缺陷：待人不诚恳

妥协型性格的人遇事主动退却。为了能成功地退却，他有时还施展点小计谋，退却成功时甚至有一种英雄感。他不是因害怕而退却，而是把退让当作一种勇敢、一种高傲，心里在想：“看，我不屑与你去争。”这种行为方式常常使他们错过机遇或者说是放走机遇，眼瞧着机遇被人夺走。这样的仁义道德并没有人会赞扬，而只会为人所耻笑。妥协型性格的人的退让常常会让人不好理解，对手占了便宜还会骂他们是傻冒。可是他们的这种行为方式很难改变，再遇事仍然会主动退却。

妥协型性格的人具有顽固的依赖心理，想让他们不退却除非依赖父母、领导、朋友把什么都给他们安排好。如果没有人替他们把一切安排好，他们自己便无法抓住机遇，甚至还会眼睁睁地让别人把机遇夺走。可也别误以为他们是傻瓜，其实他们不是那种随便可以欺负的人，他们的智力、能力都不比别人差。遇事主动退却、好依赖别人是他们的一种行为方式，是他们的性格表现。妥协型性格的人要想获得机遇，应该学会积极生存凡事要求自己奋发努力，主动进取，知返更要知进，以进为主，重新塑造自己的形象。

妥协型性格的人为人没有真实感情，待人不诚恳，所说的好话也多出于表面应付。当你升了官时，应该善待你原来的熟人。官场不太讲道义，有人升了官对了解他们的底细的人设法加以控制，或者逼走他乡，更有甚者设法杀人灭口。这些都是极端恶劣的行为，你不应该学习这些人。对待你的老熟人应该以诚相待，相信不是所有人都会找你沾光，也不是所有人都企图靠你升官。你大可不必拒人于千里之外，更不必借刀杀人置之死地而后快。更何况长江后浪推前浪，官阶有限而人情久远，多留点人情比什么都宝贵。

## 诠释：成事在天，更在人

在世上，在心里，在脚下，路和人一样多。走弯了路，走错了路，别去责怪带路的人，别去责怪自己，因为你没有时间去责怪，你还要去寻找，去寻找一条适合你的路。

环境会永远保持自己的威严，告诫所有的人不可无视它的存在，但个性也永远怀着对自由的无限向往，伸展着不息的生命，而且这生命之帆，是那样渴望理想的远航。

美国现代小说家安德森原本是一位年轻有为的商人，开办了一家广告公司，公司发展蒸蒸日上。但安德森的心里总有一个结：在商潮里，自己在一步步地失去纯洁的自我。他认为这种生存状态虽然很人世，但对他来说，如毒药般侵害着他的心灵，他心里那种最深的倾向，不在这看上去很不错的企业里，他要去追寻真正属于自己的向往。也许，只有在大学殿堂中，他才有自己心灵的归宿！在安德森的回忆录中一个讲故事的人的故事里，我们可以读到他是如何走向心爱的文学的：

“我办公室有一扇门直通大街。走到门口有多少步？……要是我走出门口，沿着铁路走去，消失在遥远的天边，会如何呢？我上哪去呢？在我工厂所在的那个镇上，我的名声还不错，被认为是‘年轻聪明的商人’。开头那几年我满脑子是庞大而精明的计划。我受人羡慕，受人重视。后来我这个聪明的年轻人一步步往下滑，不过没有一个人知道我滑得有多远，我在镇上还是受人尊敬，我要保证在银行依然有信誉。”

“我是一个讲故事的人，我体会到人生的历史就是关键时刻的历史。在我们一生中，这样的时刻并不多。我要走出这扇门，走向远方。美国人至今还是漂泊不定的人，是没打算筑巢的候鸟……我们还没有创造一个物质的美国，美国人不过是在为了挣钱而大规模地投入，以此平息内心的不安。就像古代的僧人不得不遵守奥古斯丁的戒规那样，僧人嘴里念着经，一边做着许多琐碎的圣事，贪欲没时间挤进他们的心里。美国人呢，老忙着自己的事，汽车啦，电影啦，也没有时间去胡思乱想。”

“那一天我在工厂的办公室里，看着自己笑了起来。我相信，自己想描述的斗争，大多数美国人都能理解，比我的其他作品更容易读懂，其中有自嘲，但又是严肃的。不管怎样，我要走出门去，永不回返。有许多美国人想出去——可是去哪呢？我愿意接受所有类似不安分的想法，那些在过去，无论是我和别人都曾如此畏惧的想法。如果是美国人，就会理解我为什么总在嘲笑自己，嘲笑一切我亲近的东西，嘲笑那些我深切爱着的东西。这，是出于热爱，每个美国人都明白这点。

“考验我的时刻到了。在我出走时，我的秘书正看着我，我也看着她，想着她的存在意味着什么？同时又否定着什么呢？我敢对她讲出自己的想法吗？显然我不能说实话，我从座位上站起来，对自己说：‘此时不走更待何时……’我转着脑筋，想找到一种说辞：‘我亲爱的女士，说来很蠢，不过我已下了决心，再也不想操心这些购买和销售的事了。别人做，可以，但对我来说，这意味着毒药。工厂就在这儿，你要，就归你。我断定，这厂子没多大意思。也许能赚钱，也许会赔钱，这些事与我无关，现在我是要走了……永远不再回来。至于干什么，现在我还不清楚。我想去各处走走，同大伙儿一起坐坐，听听他们说些什么，想些什么，有什么感受。但究竟做什么，我也说不准，也许我这是去寻找自己。’我和女秘书仍然相互看着，也许我脸色发白，她的脸色也白起来，问：‘你病了？’这句话启发了我，我正需要一个理由，其实不是我要，而是别人要。这时我生出一个狡猾的念头——装作‘精神病’，也许我当时就是有点不正常，美国人见人做了出格的事，就爱说‘精神病’……我离开现在的岗位，会拔去刚刚扎下的一点根基，但是我觉得这片土壤已养不活我这棵本想生长起来的大树。我头脑里想着人的立足之根的问题，一边盯着自己的双脚……只要迈出工厂的办公室，我相信一切问题就迎刃而解了。我得把自己请出这道门。但我真的迈出此门，别人还会想办法把我拉回来。为了免除麻烦，于是我永远也弄不清自己当时是否真的患了精神病。我走近女秘书身边，直瞪瞪地看着她的眼睛，高兴地笑着，然后盯着自己的脚说：‘我一直在长河里蹚水，脚湿了。’我又笑了起来，轻轻走到门口，走出了我生活里那个漫长、紊乱的阶段，走出买卖之门，走出商务之门。此时我心想他们逼我发‘精神病’，也视我为‘精神病’，为什么不行呢？说不定我就是‘精神病’。想到这儿，我高兴地回过头说了最后一句糊涂话：‘我这双脚又冷又湿，很沉，在水里蹚得太久了，现在我要上旱地去走走。’

这时女秘书目瞪口呆地盯着我，我走出门口的时刻，心里又生出一个美好的想法：‘啊，恶作剧式的语言，帮我迈出这门槛，我将终身服务于它。我轻声对自己说，一边沿着一条铁路线走去，走过一座桥，出了镇，走出我生活里的那种日子。”

上天没有亏待安德森，他创作的《俄亥俄州的温士堡镇》和一些优秀短篇已经成了流行全世界的现代名著，他被誉为“美国现代文学之父”。

安德森的故事告诉我们：个人只有在茫茫的世界中找准自己的位置，才有幸运可言，但前提是要敢于尊重，并坚持自己独特的自我。为此，有时要舍得抛弃世俗的见识与利益。这让人想起王洛宾的那句歌词“我愿抛弃那财产，跟他去放羊”，而这里的“他”就是人人内心的深切的向往。

## 兴奋型

兴奋型性格的人常表现出活泼、好动、振奋的神形，充满了精力。这种类型的人爱与人交谈，话多而直爽、举止随便、略显轻浮。

兴奋型的人往往具有极好的语言天赋。

兴奋型性格的人属于社会型、才能型和独立经营型。他们的

活跃、爱与人交谈的特点是服务社会、服务他人所必备的条件；而其激情澎湃、随遇而安的特点则是造就表演艺术家天生的好材料；他们的精力充沛、富有活力又适合于独立开办企业。

因此，根据各自不同的知识结构，兴奋型性格的人选择的职业大体上可能是：新闻记者、广播电台的节目主持人、各行各业服务员、曲艺演员和个体经营者。

## 俾斯麦——铁血宰相

我的抱负是指挥别人，而不是听别人指挥。

——俾斯麦

1862 年 9 月 30 日，在普鲁士议会大厅，议员们正在为德意志统一的问题争论不休，这时，首相俾斯麦作了即席讲话，他宣称："当代重大问题不是用说空话和多数派决议所能解决的，而必须靠铁和血。德意志的未来不在于普鲁士的自由主义，而在于强权。"

统一德意志要依靠"铁和血"，即通过战争，凭借暴力，这就是俾斯麦的政纲——"铁血政策"。因此，他在历史上被称为"铁血宰相"。

俾斯麦出生于普鲁士一家大地主贵族家庭，他曾自我夸耀："我的祖先没有一个不同法国人厮杀过。我的父亲和他的三个兄弟同拿破仑一世打过仗。我的高祖也在莱茵河畔的几次战争中同路易十四打过仗。"军国主义的传统给俾斯麦幼小的心灵里打下了深深的烙印，养成了他富有野心、蛮横善变、兴奋、残忍好斗的性格。俾斯麦是容克地主（"容克"，德文意为"地主之子"或"小主人"，后来成为半封建型的贵族地主代名词）的纨绔子弟，自幼不信宗教，16 岁以后就不再做祈祷了。他一生信奉的信条是一位普鲁士史官的格言：“人总是追求荣誉和财富的。”他少年时曾写信给一个朋友：“我知道，我的抱负是指挥别人，而不是听别人指挥。”而要达到这个目的，就要用“铁和血”去换取。

在大学期间，他喜欢两门功课：语言和历史。他能熟练地用英、法、德语讲话，还会俄语，并略懂荷兰语、波兰语。他读过欧洲古代和当代各国的历史。在大学四年中，他曾与同学作过 27 次决斗，还因喝酒、吵架、放荡、负债被校方禁闭了三次。

大学毕业后，俾斯麦回到家乡管理自己的领地。他积极经营，但也纵情享乐。他喜欢旅行，以开阔眼界。在 27 岁时，他游历了英国、法国、瑞士、俄国、意大利、西班牙、瑞典和挪威，这对他日后担任宰相，熟悉各国事务起了很大的作用。俾斯麦爱好狩猎、游泳和骑马，风雨无阻，因而被人们称为“疯狂的容克”。

1848 年欧洲爆发了革命，俾斯麦在领地上组织一支“勤工”部队，得到普鲁士国王的赏识。他说：“我是一个容克，我要压倒革命。”不久，他投身政界，先后出任过驻法、俄公使。这期间，他痛感德意志分割，当时有人问他有何良策，他说：“我将扩充军队，以任何借口向奥地利宣战，把德国统一在普鲁士的领导之下。”

即使上断头台，也要赌到底。

俾斯麦经常鼓吹“强权战胜公理”，他开出了“用火或刀”医治德意志四分五裂的药方。普鲁士国王威廉一世觉得甚合胃口，于是决定大力扩张军备，但他的计划受到议会的否决。国王忧心忡忡地对俾斯麦说：“我在这个时候，想找一个可以给我收拾局面的阁臣也找不出。我知道这一切将会怎样结束。你看，在我的窗前的那片广场上，人民首先会砍下你的头，就像当年砍下斯特

拉福（英王查理一世的心腹大臣）的头一样，然后便轮到我。”威廉一世甚至拟就了退位的诏书。俾斯麦劝说威廉一世，指出普鲁士不是英国，只要坚持就能解决问题。于是普鲁士国王接受了他的意见并任命他为首相兼外交部长。

47 岁的俾斯麦担任首相后，议会对他的政策仍然吵吵嚷嚷，时而说他违反宪法，时而又举手否决他的军事预算，甚至要求罢免他的首相职务。俾斯麦在发表了他的有名的“铁血演说”后，干脆解散议会。

俾斯麦是“一个头脑十分实际和非常狡猾的人”。他要用王朝战争的方式实现德意志的统一，但当时普鲁士的力量仍不够强大，于是他采用“鞭子和糖果”开路，他说：“我要收买一些人，威吓另一些人，打击其他一些人，然后，我将领导他们都去反对法国，从而最后把他们统统都争取过来。”为了德意志的统一，他除了准备用“铁和血”外，还经常耍弄外交手腕，充当“诚实的掮客”。

当时国内外反对派对他十分恐惧和痛恨。有的人甚至投来匿名信，以“判决死刑”相威胁，咒骂他是“固执的容克”“魔鬼的化身”。而邻邦奥地利的君侯对俾斯麦也惊恐万分，他们咬牙切齿地说：“他是魔鬼。他能够脱下外套，出现在堡垒上。”

俾斯麦一意孤行，他宣称：“我晓得我被人所憎恨……我是拿我的头来作赌注的，哪怕请我上断头台我也要赌到底。”

19世纪60年代初，俾斯麦开始依靠暴力，煽动民族主义情绪，利用当时有利的国际环境和纠纷，采取行动。他在七年的时间内，发动了对丹麦的战争、对奥地利的战争、对法兰西的战争。通过这三次王朝战争，德意志终于统一了。

1871 年 1 月 18 日，俾斯麦在法国巴黎的凡尔赛宫镜厅，宣布统一的德意志帝国成立，普鲁士国王威廉一世成了德意志帝国的皇帝，而他自己则成为德意志帝国的宰相。

在世界历史上，一个国家的成立和庆典却在另外一个国家的首都中举行，这是罕见的。

俾斯麦这样做，无非是要存心侮辱法兰西，摧毁法国人的民族精神。

俾斯麦以“铁和血”解决了德意志的统一，他执政 30 年，对德国和欧洲面貌发生了重大的影响。他所采取的各项政策在 19 世纪后半期曾经左右欧洲的命运，他成为当时国际舞台上叱咤风云的人物。

俾斯麦对外执行战争政策，对内实行专制统治，他颁布“非常法”，在一年时间里，就将 1 万多人以“侮辱皇上罪”“侮辱俾斯麦罪”“政治诽谤罪”或“叛国罪”等投入狱中。

俾斯麦说，我不做“欧洲的李鸿章。”

1896 年 3 月，李鸿章以“钦差出使大臣”身份赴俄国庆贺沙皇尼古拉二世加冕。事后又去德、法等国访问。到德国后，他拜会了德国前首相俾斯麦。寒暄之际，李鸿章得意地告诉俾斯麦：有人恭维自己是“东方俾斯麦”。

俾斯麦听后，沉吟了一会儿，说：“法国人大约不会认为‘东方俾斯麦’是恭维语。”当时德、法邦交不睦，李鸿章访德后的下一步行程是法国，所以俾斯麦才这样说。随后，俾斯麦又加了一句：“你是‘东方俾斯麦’，我自己却难望得到‘欧洲李鸿章’的称号。”这话有讽刺意味，因为此前一年（1895），李鸿章曾赴日签订了丧权辱国的《马关条约》。俾斯麦认为他自己是绝不

会干这样的事的，故不会以做“欧洲李鸿章”为豪。李闻此语，却听不出俾氏的“话中有话”，仍然洋洋自得。

可以说，俾斯麦的一生是灿烂的一生，是功成名就的一生，一生的成就完全取决于他那兴奋型的个性。

## 致命缺陷：好冲动、多言

兴奋型的人的缺陷往往表现在以下几个方面：

**1. 冲动**

人没有激情不好，哪怕是激情澎湃也只会令人振奋、朝气蓬勃；而冲动则不一样，当你冲动时会失去理智、令人厌恶。一次公开场合的冲动足以使你终生难以在公众心目中翻身。例如，前世界重量级拳王泰森因冲动咬了霍利菲尔德的耳朵，其丑恶形象随着现代化传媒而远播全球，这足以使他终生难以抹去他给人们脑海里刻上的印记。因此，兴奋型性格的人应充分认识到自己的性格中好冲动的消极影响，可以说其重要程度怎么强调都不过分。

好冲动的人别怪没有机遇，其实是你的冲动毁了一切机遇，不是谁打倒了你，而是你自己把自己打倒的。好冲动的人搞坏了人际关系，同时也破坏了自己的形象，使他人爱莫能助。

兴奋型性格的人好冲动的偏向主要影响其在仕途方面、经营方面的机遇。官无论大小、无论古代还是现代，好冲动只能坏事。你如果有自知之明，你是兴奋型性格的人，千万别往仕途路上挤，免得身败名裂。好冲动当公司经理也不行，经商决策是冷静、理智的思维过程，一冲动准会赔得一塌糊涂。

**2. 多言与直爽**

兴奋型性格的人多言与直爽的特点有不小的副作用。俗话说：

“言多必失。”在人际关系比较复杂的环境里，你的话不知会被谁利用，不少人的挫折和失败其实就是一句半句话造成的。清朝著名人物荣禄，曾因和拜把兄弟闲聊，他觉得拜把兄弟很可靠，可是那位“兄弟”恰恰视荣禄为升官的障碍，于是把荣禄的话汇报给了荣禄的政敌，结果荣禄遭到政敌的暗算，被调到大西北饱受了近 20 年风沙之苦。踩着别人肩膀往上爬的人没有绝迹，而兴奋型性格的人的多言很可能给这种人提供了向上爬的“机遇”，也给自己遭人暗算向别人提供了子弹。你不要以为你没说别人坏话，经过别人汇报时你的话都可以变成坏话，因为你的话等于为别人提供了加工篡改的素材，有了素材再添油加醋地汇报更容易使人相信。如果你什么也没说，别人没有素材完全瞎编就没那么容易。

如果上面所说“言多必失”还仅仅是从概率角度的推算，那么直爽所造成的人际关系方面的损失就不必推算，因为那是明摆着的。谁会愿意听你直来直去的所谓意见？哪个人有听你那毫无遮拦的牢骚而不破坏情绪的雅量？即使你是吹捧，那直爽的赞歌也会让听者觉得不舒服。

所以，还是管住你的嘴为好！

兴奋型性格的人与人交往应注意调整的性格偏向是：使随便变成随意，使轻浮变成轻松。现代社会的人与人之间已经不像农耕社会那么封闭，穿着、举止、语言都比较随意，人际关系变得轻松愉快。但随意不等于轻浮，随意是文明，轻浮则是野蛮；随意是智慧，轻浮则是愚蠢；随意是礼遇，轻浮则是骚扰、不知、不愿、不能掌握这个度，兴奋型性格的人在人际交往中很容易因轻浮而坏了自己的形象，使自己沦落为不文明、粗野或不合礼仪、

随随便便的人。

在处事方面，兴奋型性格的人应调整的性格偏向是轻率和武断。轻率容易在头脑发热时干出不理智的蠢事；武断容易使你走向偏执。

在事业上，兴奋型性格的人最忌强不可而为之。你的事业的天地足够广阔，而从政和经商都不一定是你的长项，这是由你的性格偏向所决定的。我们在前面已经说了易冲动和说话随便的危害，你不一定非要在仕途的路上拥挤不可。何不献身于社会，献身于大众，在实现自身价值的过程中得到满足呢？请着意于化冲动为激情，化多言为幽默，把思想感情与百姓生活联系在一起，你会大有可为的。

## 诠释：对刺激过敏

能够敏捷的感觉到外界的刺激，譬如读书的时候，听到邻家传来唱片的声音，读书效率立刻一落千丈，如果觉得很吵的话，眼睛即使再怎么盯着书看，内容也记不进去。

夏日到海岸戏水时，对于强烈的阳光，不会只觉得眩目，即使戴上太阳眼镜之后心情仍然无法轻松，甚至因为刺激过强，而失去了感情的安定。看到特别鲜艳的颜色。会大吃一惊的人也有。心情被当天的气候及温度所左右，严重的话，甚至会感觉头痛，对于“同调性气质”与类似性向的人能感受到舒适的刺激，对“内闭性气质”的人而言经常变成不快。然而，”神经质性性格”的人，除了不快之外，还会感受到一种难以忍受的苦痛感。

味觉也相当敏感。食物稍微放久了一点，立刻感觉到“味道蛮奇怪的，是不是腐坏了？”而且也会第一个注意到，“好臭哦。

是不是瓦斯开关没关好？”味觉及嗅觉比一般人还要敏锐一倍。

触觉也是一样的，在人潮中被人碰到一下，或是被人触摸到，立刻敏锐的感觉到。也有很多厌恶这种感觉的人。还有，经常会说“这件内衣穿起来感觉很差”“风从门缝里吹进来了！”“大约一小时前温度上升了”之类的话。

虽然他们有敏锐的味觉、嗅觉及触觉，但也并不是说，把他们眼睛蒙上，让他们作味觉测试，就一定能百发百中，也许他们偶尔会拭着盘子说“没有洗干净哦！昨天洗洁精的味道还留在上面！”但这并不是因为他们真正嗅到了，可能不过是前一天的记忆，让他们产生了这种感觉罢了。有些人听见别人说“你现在吃的这条鱼，是半生不熟的”，马上会觉得想吐，极端的话甚至产生食物中毒。

搭乘电车时，看见射入的光线中有微细的灰尘在飞舞着，立刻用手帕遮住口、鼻，并且移座到光线照不到的位置上。其实，不管到哪一边去，灰尘的量还不是一样多，只是情绪的问题罢了，总之，凡事都十分过敏。附着在衣服上的灰尘，会像钟表修理工一样仔细的把它拍掉。在会客室对谈时，原先兴高采烈、专注热心的模样突然变得心不在焉，东张西望，觉得莫名其妙，顺着他的视线一看，不过是有只苍蝇飞进了房间中罢了。

不只是各种感觉敏锐，感受性也很强烈，受了别人的好处，便铭记于心，永难忘怀。相反的，对于别人冷酷的态度，也会怀恨终生。眺望着美景时的感动，超越常人好几倍，目击恐怖、残酷情景所受的震撼，也比一般人更为强烈。

“自我显示性性格”的人看来感受性很强似的，其实是故意给别人看的，这种性格的人感受性之强，却是货真价实，如假包换。

# 沉静型

沉静型性格的人常表现出严肃、不敬言笑，令人敬畏的情形，这种性格的人的社交活动可能存在一定的缺陷。但镇定、冷静、认真、周密、不感情用事在一定程度上会弥补这一缺陷。

沉静型性格的人属于管理型、理论型和艺术型。处事审慎冷静、谨慎周密的特点是领导者应有的特征：内省、认真的特点是进行理论思考或艺术创作的先天优势。因此，根据各自不同的知识结构，沉静型性格的人大体上可以选择如下方向发展：机关领导、专家学者、画家书法家、音乐家、报刊及出版社编辑。

## 马歇尔——激流勇退

曾任美国陆军参谋长的五星上将马歇尔，1897 年进入弗吉尼亚军事学院。在这个学院里，除了生活艰苦，纪律严格外，对每一个新生来说，他们都毫无例外地要接受一种特殊“考验”，这就是高年级学生对他们的虐待。

在这些所谓的“考验”中，最厉害的要算“坐刺刀”了。老生们常常将一把刺刀竖立在地板上，然后命令新生蹲坐在刺刀尖上。蹲坐时必须恰到好处，蹲得太轻，刺刀就会歪倒，蹲得太重，臀部就有被刺伤的危险。

马歇尔入校前曾患过伤寒病，身体还很虚弱。谁知刚入校不久，老生们就对他发生了兴趣，他们给他的“奖赏”恰好是“坐刺刀”。马歇尔一坐上去，两腿就不住地打颤。他咬紧牙关，一声不吭地坚持着，不久全身直冒汗。但坚强与沉静的性格让他想，不能让老生们听到他的讨饶声。最后他终于精疲力竭倒了下去，刺刀尖刺入了他的臀部。

这些老生原来只想拿新生开心取乐，没想到发生了“流血”事件，都吓坏了。因为这件事假如被校方知道，他们就要被开除。可出人意料的是，马歇尔竟坚强地站起来，什么话也没说就走开了。事后，马歇尔也没有向校方告发。老生们十分佩服马歇尔的勇气。他们宣布：从此不再欺侮这个意志坚强的“北方佬”了。

马歇尔有一个怪癖，就是不愿意使用电话，这给他留下了终身遗憾。

1941 年 12 月 7 日早晨，马歇尔将军已经获得警告，日本要偷袭珍珠港。他本应通过办公桌上的直线电话机，立即通知夏威夷司令官肖特将军。然而，马歇尔却通过通信中心传递信息的程序进行通信。可是不巧，军用无线电发生故障，遂又改用民用电报局发报。这样一来把宝贵的时间耽误了，当电报送到后，日本偷袭已过去了几个小时了。

1943 年秋，美国陆军参谋长马歇尔即将任职期满。由于他在华盛顿指挥得力，对世界各个战场美军的需求和军务缓急了如指掌，应付自如，因而，赢得了军内外的信任，称他是“最出色的参谋长”“天才的全球战略家”。他在美国人民心目中的威信已不亚于总统罗斯福。

为了肯定马歇尔的功绩和贡献，众议院要授予他美国陆军前所未有的最高军衔——陆军元帅。这个提议得到了罗斯福总统的积极支持。于是，一项有关法案很快提交了国会。

马歇尔得悉后，坚决反对这样的提升。他说：“元帅一词的英语读音和马歇尔读音相同，马歇尔元帅听起来不伦不类。”

马歇尔反对为自己授元帅军衔的真正原因有两个：一是他认为，这样提升可能会损害他对国会和人民的影响，好像他是个只图私利的人。这次拟议中的提升将给他指挥战争胜利带来障碍。二是他心目中最崇拜的潘兴将军虽然已卧床不起，但毕竟还在人世。他认为，在第一次世界大战中建立了功勋的潘兴将军是美国最伟大的军人，他不愿领受比潘兴更高的军衔，使这位老人的地位和感情受到伤害。

马歇尔这样做使许多人深为感动。陆军部长史汀生知道后对马歇尔的品格十分称赞，他说："要想从美国挑出一个最强的人，那人肯定是马歇尔。在他身上，寄托着这场战争的命运。""无私精神是他特征的一部分，马歇尔的无私行为令人感动。"

1944 年 12 月，提升马歇尔的问题又重新被提出来。美国国会为了突出一些重要将领的地位，决定创立五星上将，作为最高军衔。最后，总统和国会不顾马歇尔的反对，决定授予他五星上将军衔。

即便如此，马歇尔也从不追求与他的军衔和职务相称的荣誉和特权。

1945年2月，马歇尔到意大利视察，事先打电报给克拉克将军，他在电报中说："不要迎接，不要仪仗队，我直接到你的司令部去。"

克拉克回电说："我打算把仪仗队人数压缩到最低限度。"

很快，马歇尔又给克拉克拍去了电报，在电文另明确而坚定地申称："不要迎接，不要仪仗队。再重复一遍，不要仪仗队。"

但马歇尔的巨大威望使克拉克仍然组织了仪仗队。马歇尔一到佛罗伦萨附近的第 5 集团军司令部，就看到一支庞大的仪仗队，脸一下子变得严肃起来。当克拉克将军上前来迎接他时，他向克拉克吼道："你没有接到我的电报吗？"

“接到了，阁下。”克拉克不安地回答。

“我不是说过不要仪仗队吗？”

“说过，阁下。”

“那你？”

“只要几分钟时间，你不会遗憾的。”

克拉克将军的集团军是由许多国籍的不同种族士兵构成的，因此，仪仗队也是由多国籍、多种族的士兵组成的。仅仅是因为这一点，马歇尔才原谅了这位没按他指示办事的将军。这件事给克拉克将军留下了很深的印象。他说，马歇尔将军反对讲排场，不图虚名，是他谦逊美德的自然表现。许多年以后，每当谈起此事，克拉克将军总是称赞不已。

1945 年 8 月 20 日，第二次世界大战刚刚结束 6 天，65 岁的五星上将马歇尔就给杜鲁门总统写信，恳求辞去陆军参谋长职务，解甲归田。他说：“现在战争已经结束，……我可以心安理得地要求辞去参谋长这个职务。”同时，他写信推荐艾森豪威尔作为他的继任人。

马歇尔的这个请求使华盛顿朝野上下十分吃惊。人们普遍认为，战争胜利，马歇尔用心最深，贡献最大。为什么刚刚胜利就要悄然隐退呢？许多人无法理解。

杜鲁门总统接到马歇尔的辞职信后，很快召见他，并对他说：“乔治将军，我请你考虑放弃这个打算。”

马歇尔回答说；“总统先生，我不是随随便便提出辞职的。我已在陆军部服务 7 年有余，参谋长的任务艰辛繁重，该让我解脱了。”接着，他进一步告诉总统：“我们在弗吉尼亚州的利斯堡买了一所称为‘多多纳庄园’的老式住宅，准备在那里过隐居

生活，搞搞园艺，此外，再别无它想了。我诚恳地请求总统批准我的辞呈。”

总统答复说：“让我考虑一下吧。”

此时，全国各地还发动一场拥戴马歇尔当下届总统候选人的运动，许多好心的人竭力劝说他：“将军，你无论如何不能退休。”马歇尔回答道：“我已经65岁，年龄大了，这七年的工作已使我心力交瘁。我无意恋政，更无意竞选总统。”他的态度使许多人不解，甚至不快。

杜鲁门总统鉴于马歇尔的态度坚定诚恳，考虑了几天后，终于接受了马歇尔的辞呈。但请他再维持几个月，给接任人艾森豪威尔留出一些时间处理欧洲事务。马歇尔答应了，并尽职尽责地处理了最后的事务。

1945年11月26日，杜鲁门总统在白宫为马歇尔举行了告别仪式，并亲自宣读了对马歇尔的嘉奖令，他说；“在这场就规模和程度而言都是史无前例的战争中，数百万美国公民曾为祖国贡献了杰出的工作，而五星上将乔治·马歇尔则把胜利献给了国家。”

几天以后，宣布退休的马歇尔携妻子离开华盛顿前往弗吉尼亚的利斯堡，搬进了多纳庄园，开始了隐居的退休生活。

由于沉静的性格，使得马歇尔面对任何情况都能冷静处理。在最辉煌的时候选择了低调的离开。

## 致命缺陷：自以为是，忧郁

此种性格的人最大的缺陷包括以下两个方面：

**1. 自以为是**

沉静型性格的人处事审慎、周密，这有其积极的一面，也有其消极的一面，即自以为是。

他们虽然话不多，但内心里总觉得自己是对的，别人是错的，这必然使自己故步自封，听不进别人的意见和建议。对于那些想在仕途上求发展的人，切记不能自以为是。一个人不管有多少性格的优点，只要有自以为是的毛病，就足以挡住你升迁的机遇。哪个上级领导也不会喜欢一个自以为是的下属；而不被上级赏识，怎么会有被提拔的机遇呢？

**2. 忧郁**

如果说你个性中的沉静、平静是一种美，那再向前迈一小步变成忧郁就是病态。病态的忧郁肯定会影响你的心理健康。

忧郁使你的外在形象受到损害，人们凭印象会说你："不知为什么总瞧他那么郁闷，情绪很消沉。"这等于你的无形资产受到了损失，这种损失是无可估量的。因此，不要把沉静、平静变成忧郁愁闷，可以主动走到群众中去，与大家共欢乐、同游戏。并且设法多帮助别人，在帮助他人时你会放出异彩。

虽然说你的性格中有成为领导者所需要的某些素质，但自古官海沉浮，留下多少辛酸文字，况且你的性格中还有不少消极因素。因此，你的仕途之路胜算仅占50%，万一追求不如意，你应该坦然面对，并且不要称之为"失败"。是否是命运安排你在别的领域去成功不得而知，可也别忘了中国古代关于命运最具哲学思考的寓言："塞翁失马，焉知非福。"远离仕途之路，你踏上的也许是一条康庄大道，也许是难得的机遇。生活包含着辨证法：你追求的也许并不是机遇，而你不曾去想的反倒是你真正的机遇。

果真你能有上述的思想准备，你在仕途路上求发展更潇洒自然，更自由自在，不会像有些人那么不择手段，那么伤天害理。

如此一来，你成功的可能性也就更大。诚如美国著名作家、诗人拉尔夫·沃尔多·爱默生所说：“一个人只有丢掉一切外在力量的支持而独立站立起来时，我才会觉得他将会成为一个强者，一个胜利者。”

## 诠释：心中有度，不愁无友

每一个人都希望自己拥有许多很好的朋友。因为朋友在你孤独的时候会给你带来欢笑与热闹；朋友在你需要帮助的时候会伸出他们友好的手；朋友在你需要有一个人和你一起分享快乐和分担忧愁的时候总会出现在你的身边。任何人都不希望自己孤立，因为孤立的人是可怜的，他没有朋友和他一起生活、学习和工作。

谁不渴望有很多好朋友呢?

然而，有的人总是有一群朋友在他旁边，而有的人却总是形影相吊，孤身一人，为什么呢?

固然，性格上的不同在交友上有时也会变得举足轻重。确实，活泼热情的外向型的人总是更容易博得周围人的好感，而表面冷淡的内向型的人却给人以拒之千里的印象。然而，正如世间万物一样，任何性格也总有个“度”的范畴，一旦超出这个“度”，任何性格也是不利的。“过犹不及”就是这个意思了。笔者有一个朋友，性格上是绝对的外向，活泼、好热闹，很有幽默感。他是那种不怕陌生的人，不管是陌生的环境还是陌生的人，他都能很快地熟悉。而且，他经常能给初次认识的人留下好的印象。应该说，像他这种人应该是不会缺少朋友的。可事实上，他朋友并不多，特别是深交的朋友更少。偶尔，他也会向笔者抱怨两句，很纳闷自己为什么自己的朋友总是无法和他深交下去。笔者和这个朋友有四、五年的交往，彼此了解应该说比较深。这个朋友由于过于外向，在人群中总是说话说得最多的一个，而且还有点夸夸其谈，仿佛世界上没有他办不成的事情。笔者是个内外向兼有的人，就感觉该朋友话说得太多了一些，一方面挤占了他人说话的空间和时间，另一方面夸夸其谈总给人以不实在的感觉。

其实，不管哪种类型的性格，都有自己的交友原则，有的人喜欢交朋友“宜精不宜多”，只要能交上几个知交就心满意足了；有的人喜欢交朋友越多越好，但并不特别强求是否有几个知交。笔者对此倒有自己的看法，那就是各个领域的朋友都能交上一些，即朋友应该多一些，多个朋友多条路嘛；同时，应该有一些特别知心的朋友，即铁哥们或铁姐们，因为泛泛之交可能只是利益关系或资源关系，但共患难的只有那些知交了。

以交友原则可以看出来一点，那就是任何性格在交友上都有其优势，但也有其不足的地方，关键看你如何去把握一个“度”的问题了。原因很简单，一个外向的人如果处处出风头，会给别人以虚浮的印象，一个内向的人如果太过于封闭自己，是很难有人会“自投罗网”的。所以任何人都别发愁自己不善于社交，只要你做好两件事。第一件事就是你应该清楚，你自己需要什么样的社交，即你应该有自己的交友原则。如果你认为你自己能交上一些知交便足够了，那就别羡慕他人在各种场合中谈笑风生，因为你并不需要这些。第二件事就是你应该了解在你自己身上有哪些交友上的优势，有哪些交友上的劣势。只有了解这些，你才能明白为何你在交友时总不如意，然后在以后的交友中克服缺点，发扬优点。这两件事就是要求你心中有一个“度”。

## 好强型

大部分人总把自己的现状归咎于运气。而好强型的人却不相信运气。好强型人认为:出人头地的人,都是主动寻找自己的运气。如果找不到,好强型的人就去创造运气。好强型性格的人是独立经营型、经济型、支配型、自我实现型和服务型。选择独立经营型可以天天自作主张,时刻自以为是,而不受别人的干涉和指使。选择经济型也可干出一番事业,成为著名企业家,因为自强不息的精神和积极向上的个性定能把他带上成功的宝座。选择自我实现型(理论型),凭自强精神和创造性思维也会取得成就。对于好强型性格的下岗职工,选择服务型职业,凭着好强和肯干的精神,也能成就一番事业。

好强型性格的人职业适应范围极广,从民营企业老板到大公司经理,从企事业单位领导到专家学者、艺术家,直到个体业主,几乎遍布各种职业,都离不开好强精神。但好强型性格的人不宜选择自由型(依附型)职业,因为好强型性格的人不甘居人下,不能人云亦云,而且傲视领导,如果依附于人,肯定因处不好关系而遭嫉恨。如果正在从事自由型工作,在人屋檐下不得不低头,你应该顺从一些。

### 堤义明——从来不用聪明人的独裁者

除我以外,这里没有第二个老板。

——堤义明

堤义明采用的是权力集中主义的管理方法。他时常说:“我是集团的唯一当权人，除我以外，西武集团没有第二个老板。”

堤义明对待部下极为严格。他有时天刚亮就召集开会，要不就是开会直到半夜，甚至在旅行的途中，也只给部下三四个小时的休息时间。

在西武的酒店里，流传着一句话，说凡是扫地捡垃圾的，都是负责人，而不是什么勤杂工。堤义明本人肯定这是事实，而且为此骄傲。他的愿望，就是西武所有员工，包括企业的负责人，都把自己看做是一名普通职员，而把他奉为唯一服务与服从的对象和精神上的领袖。企业负责人去干杂活，正是这种态度的体现。

在管理上，西武实行的是绝对的权力集中制，也就是说，整个集团的事务由堤义明一人决定，而各企业的事务则由一名指定的负责人决定。堤义明从不在下属中间搞权力平衡，而是采取一线到底的权力划分方式，不采用迂回路线。

他从不与首要负责人以外的其他干部接触，也不接受越级申诉。他认为这样做可以避免下属之间的争权夺利、结党营私，使企业运转保持高效率。

有些人会觉得这样做不近人情，因为堤义明甚至对那些在次要位置上做出了重大贡献的部下也置之不理。西武的棒球队西牙狮子队教练广冈，就曾对堤义明颇有怨言。

狮子队本是一支不起眼的球队，堤义明买下它之后，仍交给原来的领队宫本睦夫负责。宫本则推荐广冈担任教练。从那以后，西武狮子队以黑马的姿态冲上赛坛，连续打败素有职业棒坛盟主之称的读卖巨人队，两次获得棒球联赛的冠军。这当然应主要归功于广冈。但在广冈担任教练的3年时间里，他只见过堤义明3次，每次都不超过5分钟，其中一次还是在庆功会上许多人在一起时。

堤义明的这种冷淡态度，与一般职业棒球队老板对教练宠爱有加的做法，形成了鲜明的对比。

实际上，广冈抱怨堤义明对自己过于轻视，固然是事出有因，其实是由于不了解堤义明的领导方式。堤义明把狮子棒球队看成是自己事业的一部分，通过它来出售棒球场门票、推销狮子形象的纪念品，为西武企业做宣传。因此，他对球队的管理，也采取那种“把大权交给一个人，然后对他发号施令”的方式。因此，他任命西武铁道总务部长来负责球队事务，由这位部长向领队宫本传达指示。而广冈则听命于宫本，负责球队的训练工作。在这个体系中，不同层次的人各司其职、各有其权，并对自己的工作负全部责任。

因此，虽然广冈是一位明星级教练，但他对球队的管理并没有很大的发言权。在西武企业内部，他只是一个中层职员，与他同一级别的还有好几百人。在堤义明看来，他不可能与这几百人都一一谈话加以关怀，广冈也不例外。广冈的出色成绩换来了高额薪酬，这就足够了。堤义明绝不会打乱他自己的管理体系，越过总务部长、领队而对这位教练另加眷顾。

堤义明对下属这样严格而苛刻，却仍能得到他们的爱戴和忠诚，有些企业家甚至羡慕地说像堤义明这样得到百分之百员工支持的老板真是幸福。的确，西武集团内部没有劳资纠纷。偶而有小规模的罢工，也是服从私营铁道总职工会的决定，并非针对堤义明。

因为堤义明从不以资本家自居，从不将自己与员工对立起来。整个西武企业，包括他间接控制的西武百货公司，共有10万名职工，他们的家属也有40万人。如果加上那些依靠西武生存的企业的职工。那么，由西武集团提供生活来源的人就有七八十万人之多。

对堤义明来说，这是一副沉重的担子。他将这个庞大的群体看成是一个大家族，而自己则是这个家族的家长。他为全体员工的利益承担义务，也要求所有员工为西武而任劳任怨地工作。

也是基于这种认识，西武员工才对他们的老板抱有感激之心。有这样一件轶事：

1976 年，身为日本体育协会副会长的堤义明，代表体协到奥地利出席冬季奥运会，并顺便考察欧洲各地的观光旅游事业。当一群国土计划公司的职员送他登上飞机之后，有人开玩笑地建议，为祈求上天保佑老板旅途愉快平安，请大家都自动不吸烟。

这本是无意之言，但第 2 天，人事部做了意见调查，发现全体职工无一反对，便立即订出不再吸烟的公司条例。于是，第 3 天，国土计划公司的办公室里再也找不到吞云吐雾的职员了。到第 4 天，连接待外访客的贵宾室里的烟灰缸都失踪了。这家公司成为日本第一家全体职员及来客均不吸烟的企业。

堤义明出访归来知道此事，便召集各部门主管人叮嘱说："既然是大家的决心，我倒认为是公司内部团结一致的表现，值得维持下去。不过，如果是你们只想讨好我，用高压手段禁止职员吸烟，那是错的，就应当立即取消这条规矩。"

由于国土计划公司职员的自觉坚持，这条规则至今还保持着。堤义明常将自己与职员的关系比成舟和水。凭着他对员工利益的维护，他成为一艘平稳航行的舟，10 万员工就是他的海洋。

堤义明的用人之道也是独特的。他的这种独特，从根本上也源于对西武企业负全责的态度。他不给自己犯错误的机会，因为自己的偶然不慎，会破坏整个集团的正常运作，连带到成千上万人的生活。因此，堤义明在长期领导生涯中形成了一套不落俗套

而行之有效的用人哲学，提拔出一大批有用之才为他保驾护航。

他的父亲堤康次郎生前说过的一句话，曾在日本企业界引起纷纷议论："聪明人往往自大而自私！"

堤义明也这样认为。因此，他公开标榜，自己不用聪明人。这里所谓的聪明人，专指那些有某些过人之处，却也有太多的欲望和野心的人。在堤义明看来，这种人的内心会受到虚荣的腐蚀，在企业群体中制造不安定情绪，对其他员工的信心有直接的破坏作用，最终可能会形成一股妨碍企业的阻力。重用这样的人，就等于是在冒风险。

而且，在某个时期曾有所贡献的人，一旦产生自满情绪，便会放弃自我修养，成为落伍者，还自认为胜人一筹。这样的事情随处可见。因此，堤义明宁可从几人中启用自身诚实而又肯不断努力充实自己的人担任重要职务。

不那么聪明的人，能胜任较重要的工作吗？答案是肯定的。因为他一定会怀着感激之心去竭尽全力的。另外，堤义明也不对他们提出过高的要求。他认为，一个职员如果能够尽职尽责，忠实地执行上级部门的指示，就已经完成了他的份内之事。如果每个职员都能如此，公司自然会稳定健康地发展。相反，如果对职员要求过高，会妨碍企业的正常发展。

至于那些突破性、创造性的工作，堤义明习惯于邀请公司外部的一流专家来做。这首先是出于对专家的信任。像他为之骄傲的新高轮王子大饭店、赤坂王子饭店，就重金聘请了著名艺术家村野藤吾、几下健三来担任设计。如果由西武企业内部的建筑设计部门来做，无论如何也不会那么成功。另外，这些专家与西武之间只存在暂时的契约关系，为他们付出的酬金再高，也是一次性的，对企业来说，仍然很合算。

堤义明用人的第二条原则，就是看重职员的个人生活是否严肃负责。本来，一个人怎样安排他的个人生活，完全是本人的自由，他人无权干涉。堤义明却坚持认为，只有那些对家庭尽责、恪守道德的人，才会在工作中认真负责、忠于企业。也只有这样的人，才能得到提拔。

因此，堤义明公开说：一些未经父母同意而结婚的人，在他的公司里不会有很多机会。如果他要提拔一个人担任高层主管，一定要先见见这人的太太；如果要让某人进入董事会，那就连他的孩子也要观察了。他信任的人，都是些好丈夫好父亲。

堤义明的这套想法，被很多人看成是过于保守的表现。但堤义明反对西方人自由化的生活观念和管理观念，而看重东方传统的家庭团结的力量，并期望他的职员能把这种力量从小家庭带到公司这个大家庭里来。

而且，堤义明本人就体会过紊乱的婚姻关系带来的痛苦。这也是他对父亲一生的作为唯一持否定态度的一点。

堤义明在父亲生前，得到父亲同意，跟一位普通人家的女儿由利来往，并在 1966 年 3 月结婚。这桩婚事成了日本 20 世纪 60 年代后期的社会大盛事之一。出席婚礼的 1500 位贵宾中，有政府首长、各政党领袖、企业精英、文化名人和外国大使，除天皇以外，点得出名字的重要人物都亮了相。

但是，主持婚礼的是堤康次郎的正室操夫人，而堤义明的生母、二太太恒子，却只能在家中看儿子的婚礼电视转播。母亲不能分享来自全日本的祝福，全是因为父亲有几个妻子的缘故。这种痛苦的体会，深刻地印在了堤义明的脑海里。

因此，他比一般人对婚姻家庭的要求都严格。自己是个好丈夫、好父亲，也要求自己的职员做到这一点。

日本是个学历至上的社会，在家长们看来，子女得到进入名牌大学的机会，就等于拿到了飞黄腾达、出人头地的保证书。而社会上也对那些东京大学等名校出身的学生刮目相看，每年的应聘季节来临时，名牌大学里都会展开一场各公司争夺毕业生的战斗。

而堤义明的西武集团，却从不存心去抢一流大学的毕业生。在堤义明看来，从表面上看不出一个人的真正实力，学历能够证明的，只是一个人受教育的时间，而不是他的实质性才干。每年都有数千名年轻人进入西武集团，他们可能来自一流大学、二三流大学，或者只有高中文化程度，其共同之处是他们都通过了西武的特别测验。

一旦进入西武，文凭就会成为一张废纸。每个人都必须接受企业的再培训。今天的大学教育并不着眼于为企业培养人才，因此，大学毕业生也必须接受恰当的训练，才能应付职业上的需要。那些只有高中学历的职员，可能免费参加公司方面的内部资格测试制度，通过后便有机会享受与大学出身的职员同等薪酬及晋升机会。这种平等发展的制度，使学历好的职员不敢怠慢和骄傲，更时刻不忘自我进修以保持实力。而那些没有良好学历背景的人，则可以受到激发，凭实力争取好的待遇和晋升高层主管。

今天，堤义明手下数以千计的企业人才，就是这样得到的。由实力决定个人在公司的前途地位这个概念，已经被西武职员普遍接受。西武箱根高尔夫球会的总经理是由小厨师做起的；而苗场王子大饭店的总经理，原只是行李部的小职员。他们都在堤义明的再教育制度下从低微的职务上脱颖而出，凭能力跃升为高层主管。虽然西武使用一流大学生的比例，只是其他大企业的1/20，但是，没有哪家录用一流大学毕业生的公司，敢说西武的高级主管人员不够资格。

除了再培训之外，堤义明还要用3年的时间对新职员进行磨砺。这段时间内，他们要在低微的工作岗位上打杂。在东京及其近郊的西武铁道车站内，人们常可看见这些年轻人，在埋头捡香烟蒂、洗刷人行道、擦玻璃窗或清扫厕所及车站周围。这种领取正式职员的薪酬而去打杂的安排，是要观察他们的工作态度。

有些人在第1年可能态度很认真，到了第2年便懂得取巧，到了第3年就开始推三挑回或逃避职责。而另外一些人，开始可能普普通通，平凡无奇地进入第2年，工作摸到了门径，又任劳任怨。到了第3年，他们能够从努力学习中得到比那些聪明人更多的东西，因而成为公司提拔的对象。

这些人从卑微的打杂开始做起，到晋升为部门主管，仍然很谦卑地为公司做事，并能与他人团结一致，在堤义明看来，这是西武职员最可贵的品质，也是西武发展的潜力所在。

## 致命缺陷：唯我独尊

好强型性格的人成也在好强，败也在好强。因为好强型性格中的一些消极特点常常把他们与失败联系在一起，使他们丧失机遇。

好强型性格的人总是自我估计过高，或者说自我估计不符合实际。一起工作他处处想占上风，为此他们不惜坑害别人，损害别人的利益。这在如今事事与经济利益挂勾的时代是很令人讨厌的。因为你与他们共事，他们挖空心思占你的便宜，他们占到便

宜你自然也就吃亏了。仅仅是让你经济利益受点损失也还好说，为了证明他们的水平比你高、能力比你强，他们要处处贬损你。成品检验员查出他们的疵点是3个，你的也是3个，他一定偷偷地再查一遍，直到查出你的疵点是6个他才肯罢休。为此，他带着有色眼镜的偏见和放大镜的不客观，逢人便说：“你瞧，他的疵点居然是我的两倍，两倍呀，同志们！这简直是犯罪，这种水平怎么还不下岗呢！”好强以至于唯我独尊的人以为贬损他人就能达到抬高自己的目的，其实恰恰相反，在人们的潜意识中，这种人似乎神经出了什么毛病，人们不敢与之交友，人人都好像躲避瘟疫一样地躲避他们，惟恐沾上他们，自己受到贬损。因此，这种好强只能使他们自己受到孤立。

好强型性格的人也表现为自以为是，他们错把“领导并不总比群众高明”混作组织原则，该请示的不请示，喜欢自作主张，自己拍板。他们忘记了虽然领导不能事事比群众高明，但却事事得领导拍板，而不能撇开领导自作主张；他们忘记了虽然领导干事业显得力不从心，但解雇一个雇员却不费吹灰之力。好强型性格的人往往处理不好与顶头上司的关系，终将丧失领导的信任，也就堵死了他们进步的道路。

好强型性格的人常常把好强演变成固执。他们不愿面对现实，宁愿在现实面前碰得头破血流也不与现实妥协；他们不会转弯，视转来转去为耻辱；他们拒绝好心人的帮助，宁可在阻击战中牺牲也不肯撤离阵地。人际关系的复杂本来有些就是因为误解或别人从中挑拨，他们宁愿误解存在下去而不寻求当面说清楚而让烟消云散……尽管固执使他们蒙受损失，可他们宁愿沉入深渊而不设法逃离，这是因为好强型性格的人大都有很强的自尊心，他们宁为玉碎不为瓦全。他们宁愿把个人的机遇置之度外。这种好强实际上已经走上了极端，一般很难通过劝说令其回头的。

你可能并没有意识到你的个性对他人构成伤害，相信如果你意识到了就会约束自己并会尊重他人的。你的好强、积极本是你成功的基石，为什么一定要把好强与自以为是、唯我独尊混在一起呢？你对他人苛刻，用以显示自己比别人高一筹，你还不知道那效果恰恰相反，越喜欢显示自己的人越容易失去自己。毛主席曾经说过："虚心使人进步，骄傲使人落后"，你不至于连这句名言都当作空洞的口号而拒绝接受吧。而固执历来不是什么好的品格，在当今信息爆炸的时代，固执更是应该被时代淘汰的旧装。抛掉你的痈疽，再创你的机遇吧！

## 诠释：择业其实是一种态度

我们生活在一个过多地接受他人影响的社会中，人们的一言一行，一举一动都受到他人的关注和评价。这不能不对我们的择业和生活产生无尽的影响。

我们这一代的年轻人应该感到欣喜，我们更自由了！但是，我们并不能张扬个性而游离在社会之外，因为我们本质上是社会人，所以如何择业，这是一种态度。

感觉拘束地工作是我们每个人都不愿意面对的事情：明明自己不喜欢和一个虚伪的上司打招呼，却由于要受他领导和荫护而不得不强作欢颜；明明自己天性好动却被父母要求去学电脑技术，天天和一台死气沉沉的机器打交道；明明自己对理性思维和逻辑推理感兴趣，却偏偏被父母逼着去多掌握一门技巧，学弹琴等。这种感觉真不好，特别是内向型的人老是发出"如有可能，想自

由地工作”的感叹。有感叹毕竟是一件好事，说明我们感到拘束，就想到去改换一个工作环境！作为一种择业态度，笔者认为：在择业中要看标准，更要看自由！

对眼下比较流行的辞职（即跳槽），心理学专家有两种观点：首先，对于生活工作在拘束的工作环境中的人来说，如果确信自己不适合在当前环境下工作和学习，那就勇敢地跳出来！要做到这一点就有必要克服两种观点：一是当前人们进入公司作为职员成风。如果你不适合进公司，即使你周围的人，包括你同学，亲戚朋友都进入各种公司做了一名职员，你要不为公司高薪所动。因为一旦你心为所动，你就付出了你的自由。二就是你的父母期望你干什么，你就干什么。也就是不能按照周围人所思考的“社会标准”来决定自己的一切，因为真正了解你自己的，只有你自己！

其次，对于眼下跳槽成风的情况，我倒想泼点冷水，给跳槽降降温。我们先把给公司带来不稳定因素的后果撇在一边，姑且先讲一讲给自己带来的影响。热衷于跳槽的人大多属于外向型性格的人，因此我想说：“假使你是一个‘组织型人’的话，那么尽管对现状有不平和不满的情绪，还是在那个有缘进入的公司里干到退休吧！”虽然，一个对公司持不满情绪的人一个接一个地换工作单位是一种时髦的倾向，但是如果你进行彻底的自我分析，你会发现你换公司的动机实际上往往都是一些细小的事情：与上级发生一时的冲突、比你小的同事比你先晋级、你忘了请假上司扣你工资……如果因为这些细小的事情你就心情不舒畅，一个接一个地调换公司，那你会永远心情不舒畅，甚至有几百家公司，你也会觉得没有可去的地方。所以对于热衷于“跳槽”的人，我劝你几句：冷静下来，仔细分析，再做决定！

# 温顺型

温顺型性格的人往往表现出：顺从、温和、谦逊的常态，因为这些原因，所以温顺型的人易通融。

温顺型性格的人是服务型和家庭中心型。他们善于为领导服务，并赢得领导的信任。如果个人开业，也适于从事服务社会、服务他人的工作。他们通过为他人、为社会服务来实现自身的价值，并得到精神上的满足。这种人善良随和，具有无私奉献的精神，为他们人服务是他最大的乐趣。因此，他们把为他人、为社会服务视为一生的最佳机遇。家庭团聚、安享天伦之乐是他们另一价值取向，他们不认为升官发财比家庭团聚更重要，因为精神上的富有比金钱上的富有和掌握权力更重要。

## 佐夫成事的马皇后

佐夫成事的个性是什么样的一种个性？相夫教子、为夫分忧、贫贱不移、富贵不淫都可以说是佐夫成事的个性。这种个性的女人必是女中丈夫。马皇后经历了朱元璋出身卑贱、落难赴危、兵危势弱、一统天下的全过程，并自始至终在坚定的支持、帮助着朱元璋，有如此贤妻，何愁事业不成？

每个成功男人的背后都有一个贤慧的女人。这句话是有些道理的，明代开国皇后马皇后就是这样一位女性，她生就一种佐夫成事的个性。在整个中国古代历史上，对皇帝的“帮助”最大的应该数朱元璋的夫人马皇后。她不仅品行高尚，而且一生中做了

许多好事，极其贤明，多次帮助朱元璋脱险。甚至可以说，若无马氏的协助，朱元璋不仅成不了大明的开国天子，恐怕早就成了孤魂野鬼了。

朱元璋早年寄身寺庙，作了和尚，穷困潦倒。后见郭子兴起兵反元，就投到郭子兴的军中。郭子兴见朱元璋气宇不凡，相貌出众，对他十分看重。朱元璋作战勇敢，智勇兼备，打了不少胜仗，郭子兴就对他更加器重。马氏就是这个时候嫁给朱元璋的。

马氏不是郭子兴的亲生女儿，而是他收养的义女。但不管怎么说，这时马氏的身份、地位是比朱元璋高许多的。马氏早就听说朱元璋之名，朱元璋也知马氏是郭子兴的义女，二人相互倾慕，结婚后十分和睦。朱元璋做了郭子兴的乘龙快婿，不久就被提升为镇抚，再加上他战功赫赫，大家都尊称他为朱公子。郭子兴见朱元璋威势日重，倒还没有多想，他的两个儿子看了却心怀嫉妒，再加上朱元璋同他们称兄道弟，他俩更觉不满。于是，这弟兄两人密谋，想除掉朱元璋。俗语说，疏不间亲。兄弟编造谎言，屡屡在郭子兴面前谗毁朱元璋。起初郭子兴不听，但说得多了，郭子兴不免起疑，尤其是郭子兴的性格不够大度，偏怀苛刻，遇事不能明辨，易听人言，所以，郭子兴害怕朱元璋真的擅权自专，将来会危及自己。而这时朱元璋并不知道郭子兴对他已起疑心，在军事会议上还是率先发言，不免有顶撞郭子兴的地方。郭子兴大怒，找了个借口，把他关了起来。郭子兴的两个儿子听说了，觉得害死朱元璋的时机已经到来，便偷偷嘱咐膳夫，不要给朱元璋送饭，把他活活饿死。

朱元璋未能回家，马氏便探知了此事。她偷偷地跑进厨房，拿了一块刚刚下锅的热饼，准备送给朱元璋吃，谁知刚出门就撞见了义母，她怕被义母看破；连忙把热饼塞进怀中，热饼烫在皮肤上，疼痛难忍。马氏一面向义母请安，一面眼睛瞅着别处，脸上也显出很不自然的神情。义母见她神情有异，却偏偏叫住她寻根问底，后来实在烫痛难忍，就伏地大哭，说明了原委。等取出饼来一看，皮肤都被烫烂了。义母了解到这一情况，连忙劝告郭子兴，郭子兴也觉得关禁朱元璋太过分，再加两个儿子暗害于人更是情理不容，于是放出了朱元璋，对两个儿子大加训诫。朱元璋知道了马氏揣饼烂胸的事以后，大为感动，尤其是马氏以此打动义母，再由义母说动郭子兴，救出了朱元璋的性命，还能使他恢复原职，朱元璋更觉得马氏德足可敬，才足可佩。

郭子兴做了滁阳王后，朱元璋带领军队驻守滁阳，当时，忌恨朱元璋的人散布谣言，说朱元璋手握重兵，为了保全实力，不肯出战，就是出战，也不尽力。郭子兴性情耿直暴躁，信以为真，把朱元璋的得力战将都调到自己的部队，削弱了朱元璋的兵权，对朱元璋也冷淡起来，遇到战事，也不和朱元璋商议，致使二人互相猜忌。

有一天，一队贼兵来到滁阳城边，郭子兴得知报告，立即把朱元璋召来，命令他把贼兵消灭掉。朱元璋接受命令刚要离去，郭子兴又命令自己手下的一员将领与朱元璋一起出战。朱元璋见郭子兴这样安排，知道郭子兴对自己怀有戒心，也不计较。二人并马出城，战斗刚刚开始，该将就被箭射中身体，调转马头，夺路向城中逃去，将朱元璋的阵势也冲乱了。贼兵乘机杀来。幸亏朱元璋神勇，挡住了贼兵的冲杀。等到众兵冲过来，朱元璋反守为攻，冲杀在最前面，杀得贼兵四处乱窜，争相逃命而去。

朱元璋胜利回城，向郭子兴报功，但郭子兴只是冷淡地敷衍了几句。朱元璋非常懊丧，回到自己家中，长吁短叹。朱元璋的

妻子见了，就关切地问：“听说夫君打了胜仗，我正为你高兴，为什么夫君却闷闷不乐？难道有什么不顺心的事吗？”朱元璋说：“你怎会知道我的心事？”马氏说：“莫非是我义父薄待了你？”朱元璋被妻子猜到心事，更加烦闷，说：“你知道了，又有什么用呢？”马氏说：“你可知道义父为什么这样对待你吗？”朱元璋说：“以前怕我专权，已削了我兵权。现在怀疑我不肯尽力，我却争先杀敌，虽然打了胜仗，你义父仍然对我冷淡，我不知道什么地方得罪了他，也不知道应该怎样做才好。”

马氏想了一会儿，问：“你每次出征回来，有没有给义父礼物？”朱元璋听了一愣，说：“没有。”马氏说：“我知道其他将帅，回来时都有礼物献给义父，夫君为什么与别人不一样？”朱元璋忿然说：“他们是掳掠来的，我出兵时秋毫未犯，哪里会有礼物！就是有从敌人那里夺来的财物，也应该分给部下，为什么要献给主帅？”马氏说：“体恤民生，慰劳将士，理应如此。但义父不知道这些，见别人都有礼物，只有夫君没有任何表示，反而怀疑你私吞金帛，因此心中不高兴，这才薄待了夫君。我有一个办法，可以使你与我的义父尽释前嫌。”朱元璋问：“你能有什么办法？”马氏说：“我这里还有一些积蓄，把它们献给义母，请义母向义父说明情况，义父一定很高兴，不会再难为于你。”朱元璋觉得十分过意不去，说：“就按你说的办吧，只是这样做太委屈你了。”

第二天，马氏将自己积蓄的贵重首饰等物品一一捡出，送给义母张氏，并且说是朱元璋孝敬义父、义母的一点儿心意。张氏满心欢喜地告诉郭子兴，郭子兴神色怡然地说：“元璋这么有孝心，以前倒是我错疑了他。”自此以后，郭子兴对朱元璋疑虑渐释，遇到战事，都和朱元璋商议。翁婿和好，滁阳城从此巩固。

一方是自己的丈夫，一方是自己的义父，要想解除二人的隔隙，谈何容易。个性机警周密的马氏努力找到症结所在，积极想办法消除误会，让义父高兴，保住丈夫的前程。有此贤妻何愁事业不成？

郭子兴的两个儿子却觉得朱元璋的权力太大，威望太高，十分嫉恨朱元璋，总想找个机会除掉他。不久，郭子兴的两个儿子邀请朱元璋出去饮酒，马氏嘱咐朱元璋说："这两个人几次三番想害你，这次一定没安好心，你一定不要喝他的酒。"经马氏提醒，朱元璋就想了一个计策。等他和郭氏兄弟一起走到半路，朱元璋忽然从马上一跃而下，对天喃喃而语，若有所见，过了一会，翻身上马，驰骋返回。郭氏兄弟在后面追喊，朱元璋回喊说："我不负你，你何故设计害我，如今天神告诉我，说你们二人在酒中下毒，天神下令让我回去！"郭氏兄弟听了，直吓得汗流浃背，私语道："置毒酒中，我俩未对任何外人说过，他怎么知道，难道真有天神助他？"从此，两人再也不敢陷害朱元璋了，就是在郭子兴的面前，也不谈及朱元璋的功过。

在这件事上，马氏又立了大功，如果不是马氏提醒，不知后果会怎样，说不定朱元璋早就成了孤魂野鬼了，这样的贤妻，何止是教导男儿不做坏事？

个性温顺谨慎多谋的马氏在郭子兴病死之后，越发显示出了其睿智和宽厚，在朱元璋身边起决定性作用。朱元璋每次出兵打仗，军中的文书多交给马氏办理。史书记载，马氏仁德慈善，有智计鉴断之能，爱好文史，朱元璋每次出战，文书之类均交马氏管理，即使在紧张仓促之中，马氏也从未丢弃过。公元 1355 年，朱元璋率兵从和阳渡江攻打太平，和阳空虚，马氏料定元兵必来劫掠义军的家属，未经请示，就率领义军家属渡过长江。果不出

所料，马氏的队伍刚过完，元军就向和阳进攻。

一个人越是在困境，越需要支持帮助，马氏深知朱元璋的难处，所以义无反顾，坚定地支持着自己的夫婿。朱元璋同陈友谅会战于南京。当时，陈友谅的势力比朱元璋强大得多，很多人都认为很难取胜，城中人心惶惶，竟有人挖地窖埋藏金银。马氏却把自己的金帛拿出来鼓励将士，激发士气，结果，朱元璋大胜，消灭了陈友谅建立的“大汉”政权。1367年，朱元璋又攻克了苏州，俘虏了张士诚，于是，在扫平群雄之后，朱元璋于1368年做了大明的开国皇帝，册封马氏为皇后。有付出就有回报，马氏贵为国母，受之无愧，不知那些性格寡情薄义之人读到此处有何感想？

马皇后跟随朱元璋南征北战，历尽艰险，不仅常常参与军事，在空闲时间，还带领妇女赶制军衣，可谓竭心尽智，劳苦功高，应算得上“开国皇后”。作为一个女人，这的确是难能可贵的，但最为难得的，是她在建国以后的表现。在她被立为皇后以后，朱元璋曾深情地对她说：“朕起自布衣，登得帝位，外靠功臣，内恃贤后，为朕司书，为朕随军，为朕亲缉甲士衣鞋，种种劳苦，不胜枚举。古称家有良妇，犹国有良相，今得贤惠如后，朕益信古语不虚。”马氏却说：“妾闻夫妇相保易，君臣相保难，陛下不忘妾同贫贱，愿无忘君臣同艰难。”马皇后的话，可谓语重心长而又适得其时。

朱元璋把她比作唐代的长孙皇后，马皇后谦辞不敢当，待到朱元璋要把马皇后的宗族故旧请入朝廷，授以爵禄，马皇后叩谢道：“爵禄用以待贤，不应私给外家，妾愿陛下慎借名器，勿循私恩。”但朱元璋为了表示对马皇后的感佩之情，还是追封了她的父母，并设庙四时祭拜。马皇后的这番话，不仅令朱元璋倍加感动，就是在数千年的中国历史上，也不多见，今人听来，尚犹自敬佩。

对于子孙，马皇后的教训也非常严格，她深怕后人会变成纨绔子弟，就教育他们不忘艰苦。幼子朱橚很受马皇后和朱元璋的疼爱，长成后被封为周王。马皇后怕他离开了自己会变坏，就特派江贵妃跟随监视，并送给江贵妃一件纰衣和一根拐杖，告诉江贵妃说："如果周王有了过失，就让他披纰衣而受杖，纰衣是让他不忘太祖起自穷苦，拐杖是让他不忘刑律。他如果不能及时改正，那就回来报告我。"果然，周王到了封地以后，曾想放纵自己，但江贵妃严加督责，周王终未有大恶。

马皇后起自寒微，一直不忘本色，虽贵为皇后，却过着较为俭朴的生活。平时，她衣不重彩，多穿丝麻织成的粗布，过去的破烂衣服什物也总是修补再用。但她并非吝啬，在许多地方，她十分大方。一次，朱元璋视察太学，马皇后听说太学生有几千人之多，便问他们的生活是怎样安排的。当她得知太学生是由国家供应饭食时，便说："太学生虽免去了饥寒之虞，但他们的家属却不一定有生活保障，希望能给那些家境贫寒的太学生以补助，让他们的妻子老小不至挨饿受冻。"还特别建议设立了红板仓，积聚财物赠送生员的家属，以保证太学生无后顾之忧，安心读书。

古来正直的谏臣不多，皇后据理力谏的少之又少，马皇后对朱元璋的功谏，可谓用心良苦，她劝阻杀戮保护功臣，如果换一个角度去想又何尝不是帮夫呢?

建国之初，明朝定都南京，但南京城墙不够坚固完整，朱元璋准备修建，因国库中资金缺乏，朱元璋就向民间募集资金。吴兴人沈秀是一位深藏于江南小镇的富商，用"富可敌国"四字形容，毫不为过。他一生精明盖世，老来却犯了两个大错误：一是他自

动捐款要求修半边城墙，二是他修的这半边比朱元璋修的那半边提前完工了三天。本来，朱元璋对沈秀主动要求修半边城墙就大为不满和嫉妒，觉得一个商人竟敢同皇帝平起平坐，且是用钱来修城墙，岂不是为沈秀自己立纪念碑，灭了他皇帝的威风？再加上比皇上提前三天完成，那就更是压倒了皇上，有“欺君之罪”！朱元璋性情忌刻，哪里能容，就找了个借口，说沈秀乱掘山脉，把沈秀捕入狱中，准备处死。马皇后知道了此事，急忙前去询问，朱元璋说：“民富敌国，是为不祥。”马皇后抗言道：“国家立法，所以诛不法，非以诛不祥。沈秀虽富可敌国，却并未犯法，为什么要处他死刑呢？”朱元璋理屈辞穷，只得把沈秀改谪戍云南。两者比较起来，发配总还是比杀头好得多啊！

明初，宰相胡惟庸谋反案牵连之广，在中国古代史上实属少见。中国著名文学家、洪武朝大学士、太子朱标的老师宋濂因年纪已大，早已退隐林泉，离京师千里而居，但他的孙子宋慎知道胡惟庸谋反而未举报，就被株连逮捕到了京城。马皇后听了，连忙跑去对朱元璋说：“听说皇上要处死宋学士，不知是何缘故？”朱元璋说：“宋濂的长孙宋慎知情不报，形同谋反，属大逆不道之罪，按律当诛。且应祸灭九族！”马皇后求情说：“宋学士闲居浦江，早已不问政事，且离京城有千里之遥，根本不知其孙谋反的事，怎么能处他以死刑呢？”朱元璋对谋反之事恨之入骨，所以不听马皇后的劝告，拂袖而去。到了吃晚饭的时候，只见马皇后直落眼泪，朱元璋很奇怪，就问她是什么原因。马皇后说：“宋学士跟随皇上 40 多年，德高望重，四海敬仰，又兼满腔赤诚，肝胆照人，出生入死，劳苦功高，如今年已古稀，却要受刀斧之刑，我哪里能吃得下这珍馐美味？”朱元璋听了这番话，被深深地打动了，就免了宋濂的死刑。这绝非是妇人之仁，实则是劝朱元璋少残酷多善举，因为马皇后知道以仁义治国比用暴政高压不知强过多少倍。

马皇后居位后的第15个年头，突然病倒了，御医束手无策，马皇后就很平静地对朱元璋说："生死有命，祷祀何益？世有良医，亦不能起死回生，倘服药不效，罪及医生，转增妾过。"这种宁静安详而又慈悲的情怀使朱元璋及群臣大为感动。朱元璋问及遗言，马皇后说："妾与陛下起自布衣，赖陛下神圣得为国母，志愿已足，尚有何言！姜妾之后，只愿陛下亲贤纳谏，如是而已。"这番不是遗言的遗言，朴实而又深刻。朱元璋及群臣百姓，闻马皇后病死，无不恸哭。据说在马皇后灵柩起动那一刻，突然狂风大做，天降黑雨，在中国历史上，天公做泪的英雄者多，令天公不敢争眼的却只有二个，一个是马皇后，另一个是曾国藩。

家有贤妻，男儿不做坏事，然而马皇后在朱元璋的千古帝业中扮演的何止是贤妻的角色。她辅佐朱元璋打天下，又辅佐朱元璋治理天下，况且能赢得暴君朱元璋的敬重，善始善终，究其原因，是个性使然，这就是性格决定命运的最好诠释。不知今天的女性能从马皇后的性格与命运中受到何种启发？

## 致命缺陷：过分依赖，失去自我

温顺型性格中含有一些消极倾向。主要表现在：

**1. 过分依赖，失去自我**

由于过分依赖领导；依赖领导的信任、依赖领导的重用、依赖领导的恩赐，以至于失去了自我。他们是不倒翁、代代红，长期被信任和使用，一旦离开了领导，他们就不知怎么生活了，相当长时间他们可能不适应。于是，他们必须赶快找一个新领导去

依靠。有了新依靠，他们才会活灵活现、精神抖擞，才会恢复自信。温顺型性格中的这种依赖倾向使他们显得没有性格，除了领导，你不知道他们自己还有没有喜怒哀乐。以“依赖”为个性的他们对别人也构成威胁，因为他们以领导高兴为原则，领导让他们监督别人，他们会干得很出色。

**2. 胆小怕事，坐失良机**

温顺型性格的人有胆小怕事的倾向，一点矛盾一个纠纷都会使他们惊慌失措。他们对有冒险性的工作更是躲得远远的；因为他习惯于过安稳的生活，而一切带有冒险、探索、开拓性质的工作都会打破他们安稳的小圈子。他们不是主动创造机遇的人，也不是有机遇敢于去抢的人，因此，当机遇撞到枪口上时，他们往往因为胆小怕事、缺乏自信而坐失良机。前面说他们常有机遇伴随，那是因为他们是顺从领导的模范，在领导面前谦恭虚心。因此，他们的机遇是领导恩赐的。这在计划经济时代的确可以保他们终生无虞，但在市场经济体制下，在一切都讲竞争的时代，把自己吊死在领导一棵树上，未免显得低能。因此，温顺型性格的人必须正视自己的弱点，跟上时代的发展。

温和顺从、谦恭虚心使你占尽机遇；而过分依赖、胆小怕事常使你坐失良机。人人都追求完美，温顺型性格的人要想使自己的性格趋于完善，首先要正视消极面，只有正视才有办法克服。其实依赖、胆小是有连带关系的，实质上就是缺乏自信。培养自信心要勇于向自己挑战，越是害怕的事越要去干，成功了，你就自信了。比如，你认为自己不适合做推销员及各类业务员等公关性质的工作，那么，你偏偏挑战自我，尝试干干这类工作如何？你过去从来都是依赖领导，根本没想过独立创业，那么你就试试独立创业。自己决断怎么样？如果你敢于尝试了，就等于首战胜利；如果你成功了，你就完善了自我；如果你失败了。只要不灰心再尝试下去，你一定能迎来自己创业成功的那一天。

## 诠释：温顺型孰是孰非

D 和 H 是天生的一对。D 小伙子精神，1.80 米的个头，健美的体魄。H 宛如仕女图上走下来的美女，1.65 米的个头，纤细的腰身。两人同在外语大学学俄语，然后又分配到了同一个单位。他们每日里卿卿我我，人们都羡慕他们。

D 是一个爱玩的人，什么乒乓球、蓝球，总离不开他的身影，尤其他的歌喉无比动听，单位每有活动他总得登台献艺。而 H 呢，她是个文静的人，尤其重感情。随着她与 D 的关系不断加深，他们分到这个单位一晃已经 5 年，D 还是那样乐天，而 H 的心情一年比一年重。她已经 27 岁，人们已经把她的命运与 D 联系在一起，甚至这种联系已经无法改动，而 D 呢？每当 H 和他提起结婚的事，他都大大咧咧地说："不着急，等一等。"日复一日，H 的身体日渐瘦弱，脸色也失去了往日的光彩。精神压力使她吃不好，睡不香，睡觉时常常呼喊着 D 的名字。人们说她得了癔病，同宿舍的女友陪她到医院去看医生。时间长了，她头上多了一项"病号"的帽子。那 D 一直处于矛盾之中。在大学读书时他就追上了有"校花"之称的 H，那时 H 虽然也有些体弱，但毕竟青春勃发，光彩照人。而分配工作后，几年下来对方的身体日渐瘦弱，脸色也不如在大学时那样有光彩。因此，每当 H 问起结婚的事，他就以"不着急，等一等"相推托，实际上他心里暗藏着对 H 不完全满意，认为她身体健康不太理想，但碍于多年交情又不便明说。



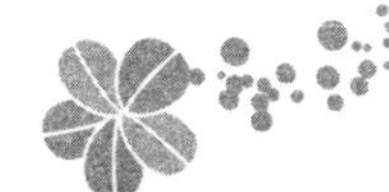

一天晚上，H同宿舍的女友开了一个“捍卫”H的会议，会议的过程及发言情况因为没有记录不得而知，但会议的决定是：立即召D到宿舍来与捍卫H女友会谈判。D不知底细一请便来了。一开始，稍大一点的女友代表大家向D提问：

（1）你永不承认与H是恋爱关系？

D答：我们是同学关系，只不过比较要好。

（2）那么，从今以后没事不准你再找H，H与别人恋爱结婚与你也没有关系。D虽然心里不情愿，但嘴上却很硬，满口答应。一直躺在床上任凭女友谈判的H见D如此绝情，痛不欲生，从此一病不起。

有一个青年L一直没有引起别人的注意。他曾经是北京大学的高材生，他忠厚、老实，业务又精。精明的女友们可不比一般人，她们一致认为他的人格好。认识达成一致后，她们心往一处想，劲往一处使。她们故意“遇到”L：“哎哟，我们宿舍的H病得可不轻，你怎么也不去看看，不少同志都去了。”L见被人提了意见，很是紧张，于是去看H要不要买点东西，女友们笑他是呆子，顺嘴说了句买点大枣吧，我们也借借光。

就这么着，L提着几斤大枣去看了H。女友们当然从旁鼓励：“哎哟，这L还真关心同志，我们得向领导说说，好人好事啊，这边L走后，那边宿舍里传出一阵悠扬的歌声：“大红枣儿献红军，一颗枣儿一颗心……”

不久就到了春节，L和H都是上海人，他们相约一起回上海探亲。L春节时没忘记给H的父母拜年，为此闹了一场误会。H的父母以为L是H的男朋友，当H的面不住地夸她有眼力，找来这么个好女婿。这么着，L和H互相也挑明了。L明确表示早就爱H，只是因为H另有所属不能当第三者干缺德事，也倒出了D那厮拖了这么多年的苦处。于是两人决定春节结婚。H结婚后给单位挂了电话，尤其向几位女友表示感谢。同志们都为她、为L祝福，为他们高兴。

H也给D挂了电话，告诉他她已经和L结婚了。她以为D会说几句祝贺的话，没想到话筒里传来嚎啕大哭的声音。D边哭边说："你结了婚我可怎么活呀……"这话后来传出去，成为笑柄。

L、H的婚姻生活很美满，有道是"人逢喜事精神爽"，结婚后H的身体一天天好起来，又恢复了昔日的光彩。谁都为D失去与这么好的女人结婚的机会而惋惜。L后来被评为国家级专家，享受政府津贴。他们夫妇两人都被提拔为局级领导干部，是引人瞩目的两个人物。

故事中的D是犹豫型性格，表现为优柔寡断、犹豫不决、缺乏责任感。这种人你即使把金条放在他面前，他也会担心吃亏而错过机会。而H就是比金子还珍贵的女友，他却仍感不足，结果待金凤凰飞去了他才知道吃了亏。D择偶失败实属必然，犹豫型性格终其一生也无法逃出优柔寡断的怪圈。

故事中的H是温顺型性格，表现为依赖、强烈的感情需要和柔弱。她对D的感情依赖非常强烈，可面对D的不负责任，她表现得异常柔弱，只会折磨自己，没有能力抗争。温顺型性格的人命运类似《红楼梦》里的林黛玉，被愚弄只能生闷气，直至抑郁而终。

故事中的L是自制型性格，自律严谨，富同情心，负责任。当H被冷落时L的关心使H的感情需要得到满足。同时对性格中的迁就因素使她们双方珠联璧合，结为百年之好。L赢得爱情机遇，得益于知己知彼、有良心，能自制等性格因素。